国家出版基金项目
NATIONAL PUBLICATION FOUNDATION

无人机系统特征技术系列

总主编 孙 聪

舰载无人机结构动力学设计与验证技术

Structural Dynamic Design and Verification Scheme of Carrier-based Unmanned Aerial Vehicles（UAV）

何 敏 刘晓明 王 玖 姚小虎 等 编著

上海交通大学出版社
SHANGHAI JIAO TONG UNIVERSITY PRESS

内容提要

本书是"无人机系统特征技术系列"之一。本书围绕弹射起飞/拦阻着舰无人机的结构强度动力学设计问题,重点介绍了在舰载无人机弹射起飞与拦阻着舰过程中,机体至传力结构的动态响应/分析方法和试验验证技术,并以典型舰载无人机机体结构的起落架装置、弹射杆与牵引杆、拦阻钩等关键部件为对象,给出了结构设计方法和强度校核理论,形成了一套适用于舰载无人机机体至传力结构动力学设计与验证的工程方法。本书适合航空飞行器结构强度设计专业的工程技术人员、高等院校飞行器设计专业师生和对无人机结构感兴趣的读者参阅。

图书在版编目(CIP)数据

舰载无人机结构动力学设计与验证技术/何敏等编著. —上海:上海交通大学出版社,2024.3

(无人机系统特征技术系列)

ISBN 978 - 7 - 313 - 28330 - 6

Ⅰ.①舰…　Ⅱ.①何…　Ⅲ.①舰载飞机-无人驾驶飞机-结构动力学-研究　Ⅳ.①V231.9

中国国家版本馆 CIP 数据核字(2023)第 035492 号

舰载无人机结构动力学设计与验证技术
JIANZAI WURENJI JIEGOU DONGLIXUE SHEJI YU YANZHENG JISHU

编 著 者:何　敏　刘晓明　王　玖　姚小虎　等

出版发行:上海交通大学出版社　　　　　　　　地　　址:上海市番禺路 951 号

邮政编码:200030　　　　　　　　　　　　　　电　　话:021 - 64071208

印　　制:上海文浩包装科技有限公司　　　　　经　　销:全国新华书店

开　　本:710mm×1000mm　1/16　　　　　　印　　张:17.25

字　　数:298 千字

版　　次:2024 年 3 月第 1 版　　　　　　　　印　　次:2024 年 3 月第 1 次印刷

书　　号:ISBN 978 - 7 - 313 - 28330 - 6

定　　价:148.00 元

无人机系统特征技术系列编委会

总　序

　　无人机作为信息时代多学科、高技术驱动的创新性成果之一，已成为世界各国加强国防建设和加快信息化建设的重要标志。众多发达国家和新兴工业国家，均十分重视无人机的研究、发展和应用。《"十三五"国家战略性新兴产业发展规划》及我国航空工业发展规划中都明确提出要促进专业级无人机研制应用，推动无人机产业化。

　　无人机是我国具有自主知识产权的制造名片之一。我国从20世纪50年代起就开始自主开展无人机研究工作，迄今积累了厚实的技术和经验，为无人机产业的后续发展奠定了良好的基础。近年来，我国无人机产业规模更是呈现爆发式增长，我国无人机产品种类齐全、功能多样，具备了自主研发和设计低、中、高端无人机的能力，基本形成了配套齐全的研发、制造、销售和服务体系，部分技术已达到国际先进水平，成为我国科技和经济发展的新亮点，而且也必将成为我国航空工业发展的重要突破口。

　　虽然我国无人机产业快速崛起，部分技术赶超国际，部分产品出口海外，但我国整体上仍未进入无人机强国之列，在精准化、制空技术、协作协同、微型化、智能化等特征/关键技术方面尚需努力，为了迎接无人机大发展时代，迫切需要及时总结我国无人机领域的研究成果，迫切需要培养无人机研发高端人才。因此，助力我国成为无人机研发、生产和应用强国是"无人机系统特征技术系列"丛书策划的初衷。

　　"无人机系统特征技术系列"丛书的撰写目的是建立我国无人机技术的知识体系，助力无人机领域人才培养，推动无人机产业发展；丛书定位为科学研究和工程技术参考，不纳入科普和教材；丛书内容聚焦在表征无人机系统特征的、重要的、密切的相关技术；丛书覆盖无人机系统特征技术的基础研究、应用基础研究、应用研究、工程实现。丛书注重创新性、先进性、实用性、系统性、技术前瞻性；丛书突出智能化、信息化、体系化。

无人机系统特征技术的内涵如下：明显区别于有人机，体现出无人机高能化、智能化、体系化的特征技术；无人机特有的人机关系、机械特性、试飞验证等特征技术；既包括现有的特征技术的总结，也包括未来特征技术的演绎；包括与有人机比较的，无人机与有人机的共性、差异和拓宽的特征技术。

本丛书邀请中国工程院院士、舰载机歼-15型号总设计师孙聪担任总主编，由国内无人机学界和工业界的顶级专家担任编委及作者，既包括国家无人机重大型号的总设计师，如翼龙无人机总设计师李屹东、云影无人机总设计师何敏、反辐射无人机总设计师祝小平、中国飞行试验研究院无人机试飞总师赵永杰等，也包括高校从事无人机基础研究的资深专家，如飞行器控制一体化技术国防科技重点实验室名誉主任陈宗基、北京航空航天大学无人系统研究院院长王英勋、清华大学控制理论与技术研究所所长钟宜生、国防科技大学智能科学学院院长沈林成、西北工业大学自动化学院院长潘泉等。

本丛书的出版有以下几点意义：一是紧紧围绕具有我国自主研发特色的无人机成果展开，积极为我国无人机产业的发展提供方向性支持和技术性思考；二是整套图书全部采用原创的形式，记录了我国无人机系统特征技术的自主研究取得的丰硕成果，助力我国科研人员和青年学者以国际先进水平为起点，开展我国无人机系统特征技术的自主研究、开发和原始创新；三是汇集了有价值的研究资源，将从事无人机研发的技术专家、教授、学者等广博的学识见解和丰富的实践经验以及科研成果进一步理论化、科学化，形成具有我国特色的无人机系统理论与实践相结合的知识体系，有利于高层次无人机科技人才的培养，提升我国无人机研制能力；四是部分图书已经确定将版权输出至爱思唯尔、施普林格等国外知名出版集团，这将大大提高我国在无人机研发领域的国际话语权。

上海交通大学出版社以他们成熟的学术出版保障制度和同行评审制度，调动了丛书编委会和丛书作者的积极性和创作热情，本系列丛书先后组织召开了4轮同行评议，针对丛书顶层设计、图书框架搭建以及内容撰写进行了广泛而充分的讨论，以保证丛书的品质。在大家的不懈努力下，本丛书终于完整地呈现在读者的面前。

　　我们衷心感谢参与本丛书编撰工作的所有编著者,以及所有直接或间接参与本丛书审校工作的专家、学者的辛勤工作。

　　真切地希望这套书的出版能促进无人机自主控制技术、自主导航技术、协同交互技术、管控技术、试验技术和应用技术的创新,积极促进无人机领域产学研用结合,加快无人机领域内法规和标准制定,切实解决目前无人机产业发展迫切需要解决的问题,真正助力我国无人机领域人才培养,推动我国无人机产业发展!

无人机系统特征技术系列编委会
2020 年 3 月

《舰载无人机结构动力学设计与验证技术》

编写组

何　敏　刘晓明　王　玖　姚小虎
朱小龙　张　闰　陈晓峰　方　雄
张　柯　高宗占　冯玉龙

序

　　航母作为重要的海上移动作战平台,已成为各大国海军立体作战体系的核心单元之一。2012年9月25日,"辽宁舰"航母正式服役,标志着我国向航母强国迈出了重要的一步。舰载无人机是舰载飞行器的重要组成部分,在航母战斗群中有着特殊的地位,在现代海战中也具有独特的优势,发挥着重要的作用。

　　与陆基无人机相比,弹射起飞/拦阻着舰固定翼无人机在弹射起飞过程中要承受$3g \sim 4g$的航向过载,考虑到飞机复飞、短距制动等因素,航向过载达$4g \sim 6g$。在下降着舰回收阶段,其下沉速度是陆基飞机的$2 \sim 5$倍,起落架吸收的垂直动能超过陆基飞机的6倍。机体结构在弹射起飞和拦阻着舰过程中承受着强冲击、大过载,结构动力学效应明显,是结构强度设计必须关注的重点。

　　由何敏研究员等人编著的《舰载无人机结构动力学设计与验证技术》围绕弹射起飞/拦阻着舰无人机的结构强度动力学设计问题,重点介绍了舰载无人机在弹射起飞与拦阻着舰过程中,机体主传力结构的动态响应分析方法和试验验证技术,并以典型舰载无人机机体结构的起落架装置、弹射杆、牵引杆、拦阻钩等关键部件为对象,给出了结构设计方法和强度校核理论,形成了一套适用于舰载无人机机体主传力结构动力学设计与验证的工程方法。

　　本书有三个显著的特点:一是以结构动力学数值仿真为引导开展工程结构设计,形成了动力学传力分析方法;二是弹射起飞和拦阻着舰动力学试验和数值仿真模型一体化,以仿真结果指导试验设计,以试验结果修正动力学模型参数;三是理论研究与工程设计无缝结合,为现代数字化时代的结构设计树立了典范。

　　本书是国内关于舰载无人机弹射起飞和拦阻着舰的第一部专著,在舰载无人机结构动力学分析、设计与试验验证领域有创新性的见解和工程实践尝试,填补了舰载无人机机体结构弹射与拦阻地面模拟验证试验的空白。本书的出版，拓展了飞行器结构动力学设计的领域，为飞行器结构设计相关人员，以及从事结构强度设计理论和设计技术研究的科研人员提供了一部不可多得的参考书，同时对我国的舰载无人机机体结构的自主创新设计起到了良好的推动作用。

南京航空航天大学教授

前　言

　　航空母舰发展至今,已成为超级大国综合作战能力的象征,依靠其上搭载的舰载飞机的强大空-面/空-空能力,航空母舰可以在广袤的海洋上纵横驰骋。舰载飞机一般分为旋翼舰载飞机和固定翼舰载飞机两类。旋翼舰载飞机,即直升机,主要用于侦察、反潜和搜索救援等。固定翼舰载飞机按起降方式又可分为垂直起飞/短距降落(vertical and/or short take off and landing, V/STOL)舰载飞机、弹射起飞/拦阻着舰(catapult assisted take off and landing, CTOL)舰载飞机及滑跃起飞/拦阻着舰常规起落(ski-jump take off and landing, STOAL)舰载飞机等类型。V/STOL舰载飞机主要配备于中型航空母舰,CTOL、STOAL舰载飞机一般用于重型航空母舰。随着电磁技术日趋成熟,未来航空母舰上的舰载飞机将主要以CTOL舰载飞机为主。伴随无人控制技术的发展,舰载固定翼无人驾驶飞机在航母甲板上起降已成为可能。美国的X-47B已完成舰上起降测试,MQ-25A也正着手上舰测试。不远的将来,CTOL的无人作战飞机将作为一种新型作战力量出现在飞行甲板上。本书主要针对CTOL无人机结构设计技术进行重点论述,若无特殊说明,书中涉及型号均为CTOL舰载无人机。

　　固定翼舰载无人机结构与陆基常规滑跑起飞/降落飞机相比较,在弹射起飞/拦阻着舰阶段有较大区别,机体结构主要承受巨大的冲击载荷;与有人驾驶的CTOL固定翼舰载飞机结构形式相似,但由于使用载荷的不同,其结构在安全系数、材料选择、接头设计与机体防护等方面有着特殊的要求。如何借鉴有人机结构设计技术,在满足作战使用的前提下,设计出经济、合理和抗冲击振动的无人机结构是目前大型固定翼舰载无人机结构设计领域面临的重大课题。

　　围绕CTOL固定翼舰载无人机结构动力学设计问题,本书重点论述与弹射起飞/拦阻着舰直接相关的无人机结构设计及验证技术,这些技术既借鉴了舰载有人机的设计规范,也吸纳了国内外目前已知的舰载无人机的研制和使用情况。在分析无人机与有人机在结构动力学设计方面的差别的基础上,本书具体阐述了 CTOL 舰载无人机需要加强研究和值得关注的结构动力学设计技术。

本书共分为 9 章。第 1 章介绍了舰载无人机结构设计特点、发展现状和设计过程中应关注的问题;第 2 章介绍了弹射/拦阻载荷、结构设计内容,系统设备要求,涵盖结构设计的各要素;第 3 章介绍了舰载无人机起降系统与舰面适配;第 4 章介绍了舰载无人机弹射起飞/拦阻着舰工况结构动强度设计;第 5 章介绍了舰载无人机弹射起飞工况地面验证试验;第 6 章介绍了舰载无人机拦阻着舰的地面模拟试验;第 7 章介绍了典型舰载无人机弹射起飞动强度仿真分析;第 8 章介绍了典型舰载无人机拦阻着舰动强度仿真分析;第 9 章介绍了舰载无人机结构弹射/拦阻测试与验证。

本书适合航空飞行器结构强度设计专业的工程技术人员、高等院校飞行器设计专业师生和对无人机结构感兴趣的读者参阅。

舰载无人机结构动力学设计与验证技术属于新兴航空科学技术,涵盖范围甚广,且涉及的科学技术发展飞快,本书内容若有谬误之处,恳请广大读者批评指正。

编著者

目　录

第5章 舰载无人机弹射起飞工况地面验证试验 ············ 71

第 1 章 绪 论

    飞机结构设计就是根据飞机的使用环境、总体技术要求与各类设计规范,设计出合理的结构形式。寿命长、可靠性高、成本低、重量[①]小、承载能力强、维护性好等是飞机结构设计过程中力求达到的技术指标,各个指标要求互相影响,设计时必须进行权衡。结构设计一般分为方案设计、初步设计和详细设计三个阶段。方案设计阶段根据设计输入给出合理的结构布局,初步确定结构形式和材料类型,完成初步受力分析,绘制机体结构主要承力骨架模型图,形成本阶段的技术文件和报告。初步设计阶段对方案设计阶段的工作做进一步细化与调整,开展机载成品和系统的协调工作,并形成本阶段的技术文件和报告。详细设计阶段确定结构的细节尺寸和制造要求,进行结构强度、刚度和振动的校核计算以及疲劳损伤容限和耐久性分析,形成本阶段的技术文件和报告。还要根据舰载无人机的起飞和着舰工况对其结构进行针对性设计。

1.1 舰载无人机发展现状

1.1.1 舰面弹射起飞/拦阻着舰装置

    弹射起飞技术的研究发展和弹射器的发展是密不可分的。第一部弹射装置已有一百多年的历史,弹簧弹射器、压缩空气弹射器、液压弹射器、火箭弹射器、电动弹射器、蒸汽弹射器、燃气弹射器和电磁弹射器等先后完成研究并得到验证。蒸汽弹射器是在现役航母上大量使用的一种弹射装置,电磁弹射器也开始在最新式的航母上装备并使用。

[①] 若无特殊说明,本书中的"重量"均指质量,为符合行业惯例,本书仍使用"重量"一词。

2010 年,美国通用原子公司针对装备在"福特"级航母(全称航空母舰)上的电磁弹射器(EMALS)进行弹射试验,将一架 F/A‐18 战机成功弹射起飞,标志着 EMALS 系统试验成功,同时也标志着美军包括"福特"级航母在内的新造航母将可能舍弃现有的蒸汽弹射器,而采用更为节省空间且更先进的电磁弹射器,这对电磁弹射器的发展和应用有着十分重要的意义。电磁弹射系统的先进组件包括能量存储系统、动力调节系统及发射控制系统。电磁弹射器带来的最大好处是舰载飞机的日出动量将得到大幅提高,由原先的 120 架次/日增加到 160 架次/日;其高峰出动量也由原先的 220~240 架次/日,增加到 270 架次/日,提高了舰载飞机的出动率,增强了航母/舰载飞机系统的作战能力。典型航空母舰甲板区域布置如图 1‐1 所示。

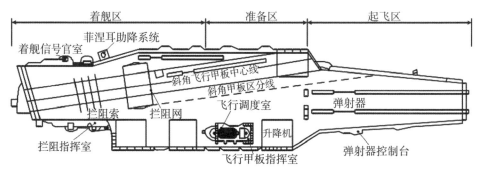

图 1‐1　航空母舰甲板区域布置示意图

拦阻装置与弹射装置伴随发展已有约一百年历史。重力拦阻装置、摩擦刹车拦阻装置、液力拦阻装置、液压缓冲拦阻装置和电磁拦阻装置等被相继应用。液压缓冲拦阻装置得到了广泛应用,电磁拦阻装置已在新研发的美国"福特"级航空母舰上得到部署。为确保舰载飞机安全着舰,航母甲板上一般需设置 3~4 道拦阻索及 1 道拦阻网。

2005 年,美国海军着手开发更先进的拦阻装置,由通用原子公司进行先进拦阻装置(AAG)计划的系统研发与演示(SDD)阶段的工作。先进拦阻装置包括动力调节、能量吸收子系统、振动吸收设备及传动导索。相比于传统的拦阻装置,先进拦阻装置在体积、重量上都明显减小,拦阻效率提高,保障费用降低;同时降低了对人员、维护的需求,安全性大幅度提高;更为关键的是还能通过发电回收拦阻过程中的能量。2009 年末,美国海军在新型航母上装备先进拦阻装置,完成了长期的可靠性试验;2010 年末,进行舰载飞机的着舰拦阻试验;自 2011 年起,在通用原子公司的生产和试验设施上完成对拦阻装置高达 10 万次循环的疲劳试验。按美国海军的规划,先进拦阻装置装备在美国"福特"级航母上,试验成功后将该装备推广到几艘"尼米兹"级航母上。F/A18 舰载飞机拦阻过程及完成时刻如图 1-2 所示,歼-15 降落和着舰如图 1-3 所示。

图 1-2 F/A18 舰载飞机拦阻过程及完成时刻

图 1-3 歼-15 降落和着舰

随着 20 世纪初第一艘航母诞生,传统海军的"巨舰大炮"作战理论逐渐式微,航母战斗群以其卓越的战斗力和骄人的战绩备受青睐,逐渐成为各大国的海军主力作战舰艇。美国作为海军强国,掌握最先进的航母技术,拥有数量最多、功能最强大的航母战斗群,现役"尼米兹"级核动力航母[见图 1-4(a)]排水量达 10 万吨,更为先进的新一代"福特"级航母也已入役。俄罗斯目前在役的"库兹涅佐夫"号为常规动力航母,排水量为 65 000 吨。随着 2012 年 9 月 25 日"辽宁舰"航母[见图 1-4(b)]服役,我国正式成为航母大国中的一员;国产"山东舰"航母的服役,标志着我国向着航母强国不断迈进。

（a）   （b）

图 1-4　国内外现役航母

（a）美国"尼米兹"级航母　（b）"辽宁舰"航母

1.1.2　舰载无人机发展

2007 年,美国海军启动 X-47B 大型固定翼舰载无人验证机项目。2013 年 5 月,该机首次从"乔治·布什"号航空母舰上弹射起飞成功(见图 1-5);2013 年 7 月,成功降落在该航空母舰上。据悉,两架 X-47B 验证机在测试阶段共试飞 50 余次,除测试了其基本性能外,还重点测试了舰机适配性,主要包括弹射器弹射起飞、拦阻降落及无人机的无线远程甲板操控特性等。随着 X-47B 上舰一系列试验的成功,一般飞行和舰上运作的技术问题,包括舰面调度、自主起飞和着舰等技术已经没有障碍。

图 1-5　X-47B 陆基弹射起飞

2016 年，美国又启动舰载空中加油（CBARS）"黄貂鱼"项目，该项目已验证成功，其验证机如图 1-6 所示。

图 1-6 波音公司参加"黄貂鱼"竞标的验证机

舰载无人机是未来海军的重要装备，主要用于执行战场侦察、目标指示、战场监视、中继制导、电子对抗和前出攻击等比较危险的任务。无人机具有用途广泛、效费比高、可避免人员伤亡的特点，越来越受到各国海军青睐。无人机上舰已成为大势所趋，而弹射起飞/拦阻着舰是大型固定翼舰载无人机的首选起降方式。

1.2 舰载无人机结构设计概述

当前大型固定翼舰载飞机一般把弹射挂点和制动点设计在前起落架上，通过前起落架将弹射载荷传递到机体上，弹射起飞过程历经张紧牵制、牵制释放、弹射滑跑、自由滑跑和离舰起飞等多个阶段。针对这种特殊的起飞过程，尤其是张紧牵制、牵制释放阶段载荷突卸的特点，对前机身结构进行相应的设计。

舰载飞机着舰过程中发动机以最大功率工作，同时舰载飞机本身具有较大速度，所以此时舰载飞机在航向上受到发动机推力、惯性力的作用。为能够在短距离内减速制动，舰载飞机尾部的拦阻钩与航母甲板上的拦阻索啮合，由拦阻索提供一个逆航向的拦阻力，实现强制制动。拦阻力巨大，会对机身造成巨大的过载，影响舰载飞机机身的结构安全。特别是与拦阻钩密切相关的中后机身部分，其所受到的载荷、冲击更大，因此，需要根据实际要求，对舰载飞机与拦阻钩密切相关的中后机身部分进行特殊设计。舰载飞机拦阻着舰时，由于舰载飞机受力复杂,为保证在实际使用过程中机身结构不发生破坏,需要开展舰载飞机拦阻过程中的动态冲击试验验证,分析机身的薄弱构件,特别是与拦阻钩相连的中后机身部分,应着重分析。目前,舰载飞机着舰拦阻的研究主要集中在着舰过程中静强度和动力学仿真分析,分析着舰速度、航母运动对舰载飞机着舰姿态的影响,与舰载飞机自身结构在拦阻过程中的传力特性和结构强度研究相关的试验较少。

因此,对舰载飞机弹射起飞/拦阻着舰的研究,尤其是弹射起飞过程中前机身主传力结构和挂索后机身主传力结构抗冲击的动力学研究,能够揭示舰载飞机弹射起飞/拦阻着舰主结构的传力特性和验证设计、分析方法,提升弹射起飞/拦阻着舰安全性。总之,舰载无人机的结构设计过程和方法与舰载有人机基本相同,由于舰载无人机的使用方式和使用环境的变化,对舰载无人机机体结构形式及结构的强度要求、刚度要求、安全性要求等都有其特殊性。

1.2.1　安全裕度控制与安全系数的选取

进行飞机结构设计时,安全裕度一般是指结构系统的储备强度与其所承受的外载荷的差值。如果飞行速度超过飞机的结构强度及稳定性所允许的极限,则飞机可能因过载而出现永久变形或破坏。

安全系数是指在设计飞机结构时,考虑材料的缺陷、飞行操控偏差和载荷的偶发突变等因素,承力构件能够承受的力(或极限应力)必须大于实际承受的力(或许用应力)。安全系数是表征极限应力与许用应力比值的量,即安全系数=极限应力/许用应力,其值一般大于或等于1。

安全系数反映结构安全程度,考虑的因素如下:

(1) 材料的分散性。

(2) 载荷的分散性及载荷突变。

(3) 制造缺陷。

(4) 理论假设和离散简化带来的偏差。

(5) 结构的刚度要求。

安全系数对结构的重量、承载能力和安全可靠性有重要影响,安全系数的正确选取是舰载无人机结构设计的关键。安全系数通常根据理论分析和试验研究,通过大量使用经验的统计、归纳分析,最后以强度规范的形式明确给出。舰载有人机安全系数的规定值取1.5,实践中常有加大或减小安全系数的情况。例如,起落架、翼身连接、发动机安装接头等特殊和关键部位,还需要额外考虑附加安全系数,即加大安全系数。由于设计分析和试验手段的发展、材料品质的改善(如材料的破坏强度与屈服强度的比值提高)、工艺设备的改进等,在某些结构部位可适当降低安全系数,飞行工况比较稳定、对寿命要求不高的舰载无人机常属此类。舰载无人机上取消了飞行员生命支持系统及其相应的设备,在系统可靠性和冗余度方面的要求普遍低于舰载有人机,设计结构时安全系数可以取更小值,一般取 1.15~1.5。相关部位的结构安全裕度可以设计得较低一些。

考虑冲击过载的特点及冲击疲劳等,弹射起飞和拦阻着舰的舰载无人机主传力结构(如起落架与机身连接点、拦阻钩与机身连接点附近区域等)的安全系数建议取 1.5。

1.2.2 抗冲击传力结构

弹射起飞和拦阻着舰舰载无人机的最大特点是其抗冲击结构。弹射起飞时飞机在 3 s 内达到起飞离舰速度,飞机所受航向过载峰值为 5.0g 左右。拦阻着舰时舰载飞机在助降系统的导引下撞击着舰,即通过着舰制动拦阻索强制使舰载飞机在 100 m 距离内减速制动,航向过载峰值高达 6.0g 左右。这种迥异于滑跑着陆的特殊工况,使得设计结构时必须按照弹射起飞/拦阻着舰的载荷传递路径布置专门的抗冲击传力结构,并保持力流顺畅,避免产生附加弯矩并抗击应力波的聚焦与反射。机体结构一般能在一定距离范围(1.2~2.0 m)内吸收、扩散或释放此种冲击能量。

1.2.3 抗腐蚀设计和视情维护

舰载飞机由于受到海浪飞溅、盐雾和霉菌腐蚀、高温辐射、高温水蒸气侵蚀等多种因素综合作用,极易发生金属件腐蚀、非金属件老化、油液污染变质等严重的腐蚀问题。研制过程中,从结构设计阶段开始就必须贯彻抗腐蚀设计理念,并将其贯彻到设计、生产、使用的整个过程。结构密封是一种有效的抗腐蚀设计手段,在选用合理的材料和防护体系的同时,应尽可能保证机体结构处于密封环境,防止水及其他腐蚀介质进入机体内部,普通结构应加强通风、排水、可达性及抗应力腐蚀设计等。进行细节设计时应强化易腐蚀连接件(紧固件、轴承等)和特殊结构(折叠、轴套、起落架等)的防护措施。为避免电偶腐蚀,有电偶腐蚀倾向的构件之间应避免相互接触。

舰载飞机机体结构在海洋性强腐蚀环境条件的作用下,将会出现不同程度的腐蚀破坏。因此,舰上(甲板或机库)使用维护过程中的腐蚀控制对飞机的使用和寿命至关重要。一般采用淡水清洗、缓蚀、舰上快速腐蚀修复技术等措施来延缓腐蚀的发生。

舰载飞机服役环境恶劣,每次起落受到的冲击严重,机体结构要达到与陆基飞机同样的寿命水平已不可能,视情维护因而成为提高寿命的重要手段。通常需要在危及飞机安全或不易检查的部位布置健康监测传感器,监控结构的健康状况,一旦发现腐蚀或损伤,在达到门槛值之前,及时维修或换件,保证结构完整性和安全性,提高飞机整体寿命。

1.2.4　整体化和模块化结构的广泛应用

设计无人机结构时,为减少连接件、紧固件数量,进而减轻结构重量,可以把几个零部件设计为一个整体化结构。整体化结构既减少了应力集中区域的数量和关键危险部位的数量,提高了机体结构的使用维护性,又保证了结构的完整性,简化了传力关系,从而实现了更精确的结构设计。无人机的控制中心是飞控计算机,机上各种设备主要通过数字电传控制,省去了舵面及发动机的杆系环节,机体结构不再为拉杆通过而改变传力路径,提高了结构设计的自由度。无人机的结构设计可以根据传力和功能需要进行整体化设计。因此,在无人机的结构设计中,多采用组合式结构、插入式零部件等,以提高结构件的互换性和维护性。在保证无人机结构安全的前提下,有些次要零部件应设计得较弱一些,以便缓冲、吸收着陆时的撞击能量,避免机体主结构和机载重要设备损伤。任务载荷搭载能力是无人机性能的重要指标之一,在设计任务载荷舱时,应尽可能采用模块化设计,使得任务载荷舱结构具有互换性,以便无人机通过更换任务载荷舱体来配装不同任务设备;实现一机多用,满足不断变化的多种作战任务需求,提高无人机的使用效率。

1.2.5　先进复合材料的应用

无人机的使用方式和使用环境使得先进复合材料的应用成为可能。碳纤维复合材料、玻璃纤维复合材料、蜂窝或泡沫夹层复合材料是无人机结构设计的主要材料。无人机上复合材料的使用比例基本是所有航空器中最高的,复合材料结构占无人机结构总重已超过 50%,如 X-45C、X-47B、"神经元""雷神"都使用了 80% 以上的复合材料,有些无人机甚至采用全复合材料结构。复合材料的应用对无人机的轻量化和高承载能力起到了至关重要的作用。

1.3　舰载无人机结构设计关注的重点

舰载无人机应在总体、气动、结构和机载系统等方面与弹射器及拦阻装置的使用相协调,应能在母舰弹射和拦阻能力范围内实现短距起降。机体的承载传力特性和环境适应性是结构设计时关注的重点。

1.3.1　受力分析

舰载飞机在弹射起飞过程中的综合受力如图 1-7 所示,F_1 为牵制杆受力;F_c 为弹射杆受力;L_1 为前起落架与机身的连接点到飞机重心 G 的水平距离;L_2 为主起落架与机身的连接点到飞机重心 G 的水平距离;mg 为飞机所受重力;F_t 和 N 分别为前、主起落架轮胎受到的地面支反力;T 为发动机推力;L 为飞机的升力;D 为飞机的阻力;V 为飞机的速度;θ 为弹射角;β 为牵制角;α 为飞机攻角;σ 为发动机安装角;M 为飞机受到的俯仰力矩。

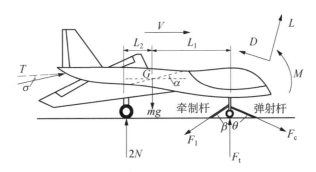

图 1-7　舰载飞机在弹射起飞过程中的综合受力示意图

弹射起飞时牵制力突卸及弹射力突卸对前起落架动力学过程的影响显著,因此可以将飞机的重力、升力和阻力等效分配到前起落架上,然后研究舰载飞机前起落架在弹射力作用下的动力学过程。

舰载飞机在拦阻着舰时受力如图 1-8 所示,V_t 为 t 时刻舰载飞机的速度;V_L 为拦阻索的拉出线速度;F_T 为舰载飞机的推力;f 为阻拦装置沿着拦阻索方向作用于舰载飞机的等效摩擦力;F_r 为拦阻装置作用于滑轮索的平均张力;L_A 为甲板拦阻索一半的长度;L_t 为 L_A 和被拉出的滑轮索的长度之和;R_t 为 t 时刻舰载飞机的冲跑位移。

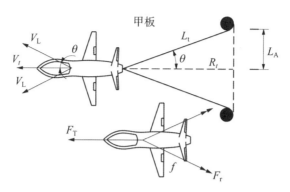

图1-8 舰载飞机在拦阻着舰时受力示意图

根据舰载飞机拦阻过程的特点,综合考虑飞机加速度过载指标、拦阻索张力指标对飞机拦阻力的约束,同时考虑飞机拦阻过程受力的要求、针对极限拦阻能力的情况、瞬间冲击大过载对结构的输入载荷,并以此来设计承载结构。

尽管舰载无人机构造和受载较陆基无人机更为复杂,它同样遵循飞机结构传力分析原则,仍然要将其分解成最基本的元构件。基本的元构件大致分为受力元件、受力构件和紧固件。

这些基本的元构件经过合理的安排,可承受舰载无人机任意时刻和任意方向的载荷。在设计飞机结构时,设计师们总是千方百计地通过各种手段来控制飞机的结构重量。理想状态是等强度、等刚度设计,但实际设计中受飞机总体气动外形、材料及制造因素的制约,极难做到,因此,机体结构强度效益要综合优化。根据飞机结构设计的原始条件、服役环境和使用要求,满足全机承载能力,特别是弹射起飞和拦阻着舰工况,进行综合优化设计。弹射和拦阻对飞机结构作用的载荷相对于机身都是纵向的,因此提高机身的纵向强度可同时满足两方面的需要。舰载飞机机腹下的纵向通常需要设计由一个或多个加强的桁/梁构成的构件,两端设置弹射力的作用点和拦阻钩制动力的作用点,在这两个作用点之间再用横向的隔框把弹射力和制动力传递分散到机身的其他部件上,这意味着飞机结构不仅要满足弹射加强的要求,而且要协调满足拦阻加强的需要。降落时起落架要将着舰的猛烈冲击载荷集中作用于机身,必须加强安装部位的机体结构强度,这也能同时加强纵向强度。

舰载飞机区别于陆基飞机的显著特征之一,就是要关注舰机适配性对结构设计的约束。舰机适配性是指舰载飞机和航空母舰在设计、使用中各种约束接口的兼容性,包括在进行弹射、着舰、调运、补给、维修和特情处理等操作时,总体布置、结构、功能和性能等方面与航空母舰及舰载设备之间的各种使用协调关系。舰载无人机与弹射、拦阻装置之间的适配性是舰载飞机结构设计关注的重点内容。

弹射起飞是指借助弹射器提供的弹射力作用,使舰载飞机的速度迅速增加至离舰速度,从而成功起飞。在确定弹射起飞性能适配性时,应充分考虑弹射装置充能距离与结构、成品对过载的承受和适应能力。在离舰速度和弹射起飞滑跑距离确定后,弹射过程中的过载值,尤其是过载峰值和过载变化率也随之确定。舰载无人机结构设计的任务就是让设计出的结构能承受这种弹射冲击载荷。

拦阻装置是现役航母上重要的保障设备,它保证了舰载飞机能在长度有限的飞行甲板上安全降落。对舰载飞机进行拦阻着舰时,会产生很大的冲击载荷,严重影响舰载飞机的结构安全。目前世界上的大型航母甲板总长度也不过 300 多米,因此要求无人机能在各种天气状况、舰艇和舰尾大气扰动、各种海况甲板运动等环境条件下,在飞机和拦阻装置允许的载荷范围内将飞机拦停在 100 m 内。

为了强制飞机在 50～100 m 距离内迅速制动,需要通过安装在机体尾部下方、经过特殊设计的拦阻钩钩住横置于航母甲板跑道上的拦阻索,利用拦阻力来强制制动。着舰瞬间的撞击载荷、拦阻强制制动载荷的特点与陆基飞机着陆受载的较大差异使得舰载飞机的起落架及机体结构,特别是与起落架及拦阻钩安装部位密切相关的结构,都需要根据这些因素和条件进行结构布局和设计,以承受拦阻冲击载荷。

舰载飞机以比陆基飞机大 2.5～3 倍的下沉速度无平飘地着舰时,将通过起落架承受比陆基飞机大 6 倍或更大的法向载荷;拦阻钩与拦阻索啮合的瞬间,舰载无人机又将通过拦阻钩承受很大的纵向拦阻过载。纵向载荷都是反向的,而且施加于结构的不同点;法向载荷则不同于纵向载荷,需要布置和设计单独的结构来承受。这些冲击载荷和飞机接地时机体中的反向惯性载荷,与飞机在空中飞行时的机动过载是不同的,应重点关注。

1.3.2 使用环境

由于航母的可移动性,在许多情况下,它可能会一天经历四季,遭遇几乎所有的天气和环境状况。例如,在北大西洋遭遇 −1℃ 的环境温度、35 kn(约 64 km/h)的海风;在赤道附近遭遇 32℃、无风的状况也并不少见。另外,海况会导致航母产生纵摇、横摇及达到 1.5 m 的升沉,偶尔还会遇到云底高度几十米、能见度不足 1 km 的恶劣天气状况。高海况、低温、强风和腐蚀性盐雾,为常年在海上活动的航空舰载装备制造了极其苛刻的环境。海上严重的腐蚀环境限制了一些常用的活泼金属(如镁、铍等)合金材料的使用;机体的蜂窝夹芯结构会受到海上湿气的侵入,限制了其在非重要部件和允许只做简单检查的部位的应用。由于无人机在服役期间长时间处于停放状态,因此无人机,尤其是舰载无人机必须着重考虑停放载荷和环境因素(如高温、低温、湿度、盐雾等)对机体结构的影响,即机体结构的腐蚀防护和控制问题。

根据舰载无人机结构设计的输入依据,尤其是使用环境和载荷等方面与一般无人机存在差异,舰载无人机平台必须在总体结构布局、结构特性、气动特性方面符合弹射起飞及拦阻装置的使用要求,以实现舰上短距离滑跑起降。

最后,舰载无人机结构还必须具有满足舰上停放的系留装置,各种口盖和维护通道的设计必须满足各种海况条件下的维护和保养要求,整个结构和表面防护层必须耐淡水冲洗等。

以上这些问题都必须在舰载无人机研制过程中逐一得到妥善解决。本书主要论述舰载无人机在弹射起飞和拦阻着舰两个阶段的结构动力学设计和验证的相关问题,对其他问题有兴趣的读者,可参阅相关资料和文献。

1.4   一体化设计与试验验证

现有研究主要考虑舰载飞机在弹射过程中受离舰姿态、起落架力学状态及舰面摇晃的影响,针对舰载飞机弹射和拦阻过程中的机体传力研究和相关试验几乎是空白的。本书以舰载无人机的机体结构部件及起降装置舰机适配为研究对象,分析其在地面弹射和拦阻冲击载荷作用下,机体结构及其连接部位承受冲击载荷的能力,研究其在传力路径上的冲击响应特性。通过弹射/拦阻冲击试验和采用刚柔耦合模型的仿真模拟方法,分析主传力部件结构在弹射冲击过程中的动态响应,将仿真结果与试验结果进行对比分析,为舰载飞机地面冲击试验方法提供参考,为弹射起飞和拦阻着舰过程中飞机结构的动响应预测、计算分析提供依据,并为飞机结构设计及动强度评估、校核提供数据支撑。

根据舰载无人机弹射起飞和拦阻着舰的特点,考虑母舰甲板、舰载飞机及起落架之间的相互作用和甲板运动、海面大气扰流以及舰艉气流扰动对舰载飞机的影响;基于多体动力学理论,描述舰船-飞机-起落架多体系统的耦合关系,建立舰载无人机弹射起飞和拦阻着舰动力学模型,开展数值模拟工作;将数值模拟仿真结果作为飞机结构动力学设计的输入条件,开展结构设计。

分析舰载无人机弹射起飞方式的 5 个过程(弹射杆预张紧过程、弹射杆加载过程、弹射滑跑过程、前轮和主轮自由滑跑过程、牵制杆张力销断裂过程),建立一种基于弹射起飞的动力学模型,讨论在甲板弹射阶段的前起落架主要承力构件载荷和应力分布振荡情况,并分析其动力学特性,研究张力销断裂、弹射载荷突卸后前起落架突伸特性对结构性能的影响。

对于舰载无人机拦阻着舰,从舰载无人机与航母甲板拦阻索啮合到拦阻完成,这段时间舰载无人机处于最复杂的受力状态,为其建立准确而完整的数值模型是分析舰载飞机拦阻动力学的基础。针对具有不同着舰初速度的舰载无人机拦阻挂索啮合和挂索冲跑过程进行数值模拟仿真,并对仿真结果进行分析。根据舰载无人机拦阻仿真结果,讨论舰载无人机拦阻着舰过程中的载荷在机体结构中的传递特点及约束条件。因此,对舰载无人机的拦阻着舰技术进行研究,有效指导其结构布局和细节设计具有重要的理论意义与现实意义。

为研究舰载飞机在航母上弹射起飞与拦阻着舰的关键技术,对真实的航母/舰载飞机系统进行试验是一种方法,然而这种方法需要进行大量试验,不仅成本和时间耗费巨大,而且在舰载飞机的起降试验过程中伴随着巨大的风险,因此有必要通过仿真技术对舰载飞机的起飞和降落关键技术进行研究。所谓的仿真技术就是为了达到目的,用某种特定的模型来模拟或者模仿真实的对象,并对其进行研究。

然而仿真的结果是否可信,即仿真试验和结果在多大程度上能够代表所研究的真实系统的性能,取决于仿真系统性能指标评估。这些性能指标评估包括仿真系统的功能、可使用性和仿真系统的可信度等。从某种意义上来说,为了使最终得到的仿真结果有实际的理论及工程意义,必须保证仿真的正确性及可信度。因此,如何针对仿真系统的正确性和可信度进行评估,是仿真理论及仿真分析过程中必须考虑的问题。

根据飞机的研制流程、试验规范和规定,飞机结构强度要开展一系列的静力学、动力学和试飞试验来验证对比试验和试飞验证的结果及仿真分析结果,以评估数值模拟仿真的可信度。

第 2 章　舰载无人机结构设计

　　舰载无人机的机体结构与陆基滑跑起降无人机的机体结构相同,分为机翼结构、机身结构、尾翼结构、发动机机舱结构与起落架等。由于采用弹射起飞和拦阻着舰方式起降,因此舰载无人机结构除承受常规飞行载荷外,还要承受弹射起飞与拦阻着舰带来的瞬态冲击载荷。舰载无人机长期在海洋环境下执行任务,机体结构的腐蚀防护与控制要求也比陆基飞机更苛刻。这些都使得舰载无人机结构设计具有自身的特点和方法。

2.1　舰载无人机弹射/拦阻载荷

　　舰载无人机在地面停放、开车调试、弹射起飞、机动飞行、武器投放及拦阻着舰等过程中,无时不承受着载荷,其中弹射起飞和拦阻着舰是舰载无人机结构承受的最严重的载荷工况。弹射起飞载荷受弹射系统、飞机自身及起飞控制等因素影响;拦阻着舰载荷受拦阻系统、飞机进场与下沉速度及着舰控制等因素影响,且飞机结构、飞行策略与弹射/拦阻系统相互影响,从而导致飞机在弹射起飞和拦阻着舰过程中,机体受载十分复杂。

2.1.1　弹射载荷
　　舰载无人机弹射起飞过程可分为四个阶段。
　　(1)准备阶段:无人机进入弹射位置,弹射杆与弹射器挂接,牵制杆与甲板固接,弹射器启动并张紧。
　　(2)弹射滑跑阶段:弹射器牵引无人机加速。
　　(3)自由滑跑阶段:牵引杆与弹射器分离,无人机进入三轮滑跑和两轮滑跑状态。

（4）离地起飞阶段：飞机离舰升空。

舰载无人机在弹射起飞过程中受到自身重力 mg、弹射力 F_c、牵制力 F_1、发动机推力 T、气动力 Q、前起落架支反力 F_t 和甲板摩擦力 f 的作用，如图 2-1 所示。

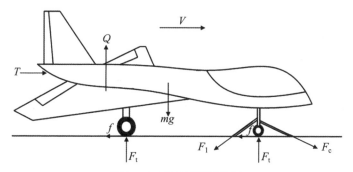

图 2-1　弹射过程受载图

自身重力 mg 与飞机重量及分布密切相关。

舰载无人机弹射起飞过程中，弹射器滑块通过弹射杆与前起落架缓冲支柱外筒连接，弹射力 F_c 作用于弹射杆末端，大小随飞机航向位移变化而变化，力的作用方向沿弹射杆轴向。弹射系统提供的弹射力大小根据起飞重量与起飞环境进行匹配，整个弹射过程中的载荷受飞机重心处的最大水平加速度和最大牵引力限制，从基本弹射重量到最大弹射重量的全部重量范围及要求的初始位置，弹射力提供的加速度过大或过小都可能导致飞机起飞失败。图 2-2 所示为典型舰载无人机弹射起飞过程加速度行程曲线。

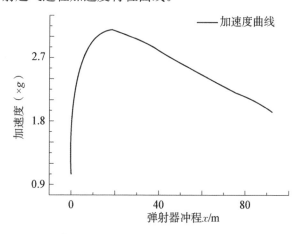

图 2-2　典型舰载无人机弹射起飞过程加速度行程曲线

在舰载无人机弹射起飞准备阶段，在拉紧期间出现的各种临界姿态下，用弹射杆把飞机固定到弹射滑块上，再用牵制杆经甲板滑轨结构将其固定到甲板上。

在牵制杆上设置张力销,产生牵制力 F_1,平衡飞机弹射释放前的弹射杆载荷。张力销拉断载荷直接影响飞机弹射牵引力载荷,需要根据舰载无人机弹射起飞重量和发动机推力选择适当的张力销拉断载荷。

舰载无人机弹射起飞时,发动机推力 T 沿推力线作用于飞机对称面内,并随飞行控制策略、飞行速度及飞行高度等的变化而变化。一般情况下,舰载无人机弹射起飞过程中发动机推力均达到最大推力。

弹射起飞过程中舰载无人机承受气动力 Q,主要包括气动升力、气动阻力和气动力矩。除此之外,弹射过程中无人机还受到地面的支反力 F_t,主要作用于起落架,由起落架支反力产生的摩擦力 f 作用于轮胎与地面接触面(沿飞机逆航向)。

2.1.2　拦阻载荷

舰载无人机在拦阻着舰过程中受到自身重力 mg、着舰撞击载荷 F_j、着舰拦阻载荷 F_n、着舰侧向载荷 F_i、发动机推力 T、气动力 Q 和甲板摩擦力 f 的作用,如图 2-3 所示。

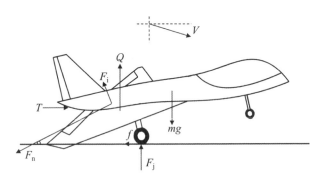

图 2-3　舰载无人机拦阻着舰受力图

自身重力 mg 与飞机质量及分布密切相关。

对于着舰撞击载荷 F_j,国军标《军用飞机结构强度规范　第 4 部分:地面载荷》(GJB 67.4A—2008)中解释如下:"着陆(舰)撞击载荷应采用一种合理的动载荷分析方法确定。该方法要考虑飞机起落架的特性,应逼真地建立着陆(舰)撞击时的飞机响应模型。外载荷和内力的大小、方向和分布都应是着陆(舰)撞击时产生的。如果起落架安装在机翼上,则着陆(舰)撞击时加在机翼上的动载荷可产生较严重的机翼向下的载荷和机翼外挂载荷。"与舰载无人机着舰撞击载荷相关的主要参数是着舰下沉速度。根据采用带有整机重量模拟的起落架落振试验数据确定拦阻着舰过程中的最大过载系数及撞击力,将获得的过载系数作为整机结构的惯性载荷系数,由此得到结构惯性载荷与起落架冲击载荷相平衡的整机撞击载荷,并在此基础上进行结构静力分析。将起落架撞击的动态过程作为准静态予以计算分析时,对撞击载荷作用位置附近的结构变形及内力分析比较准确,但对远离撞击载荷作用位置的结构变形与内力分析误差较大。

在舰载无人机挂上拦阻钩前,作用在飞机上的力有重力、气动力、发动机推力,挂上拦阻钩后,增加了拦阻载荷 F_n。拦阻载荷在拦阻钩钩住拦阻索的一瞬间产生,拦阻载荷造成的冲击力在拦阻接头处沿纵向向前传递,机体结构中沿机身轴线的拉力、拦阻接头横截面上的剪力及弯矩如图 2-4 所示。与拦阻载荷密切相关的参数有飞机拦阻时刻的速度和姿态,飞机重量,拦阻索及液压装置的弹性和阻尼,拦阻钩的形状、位置及与机身的夹角。典型舰载无人机拦阻载荷时程曲线如图 2-5 所示。

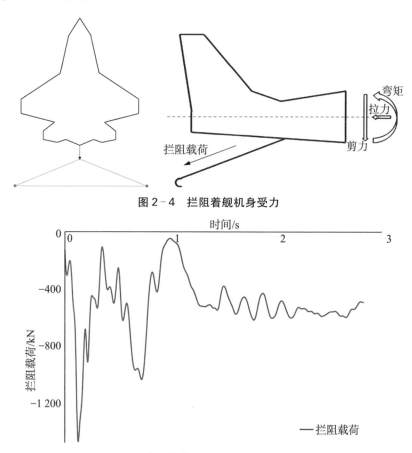

图 2-4　拦阻着舰机身受力

图 2-5　典型舰载无人机拦阻载荷时程曲线

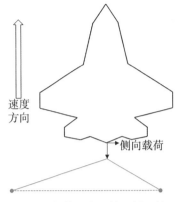

图 2-6 舰载无人机偏心拦阻情况

在舰载无人机偏心拦阻(见图 2-6)、偏航拦阻(见图 2-7)及侧滑拦阻(见图 2-8)时,拦阻力和惯性力共同作用,产生着舰侧向载荷 F_i。美军标 MIL-STD-2066 针对偏心、偏航拦阻的侧向载荷工况,同样给出了基于试验的设计载荷规范。非对中拦阻与对中拦阻的唯一不同之处在于,拦阻过程中机身横截面上同时存在纵向载荷和侧向载荷。国军标中规定设计舰载飞机时可考虑大小等于飞机重量 1 倍的侧向载荷。因此,可以采用以下两种施加侧向载荷的情况:第一种,直接在拦阻钩上施加纵向对中拦阻最大载荷数值,同时施加等于飞机重量 1 倍的侧向水平载荷;第二种,在拦阻钩上施加前述非对中拦阻数值模拟获得的纵向拦阻载荷,同时施加等于飞机重量 1 倍的侧向水平载荷。

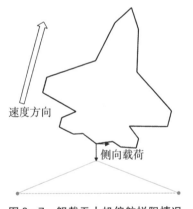

图 2-7 舰载无人机偏航拦阻情况

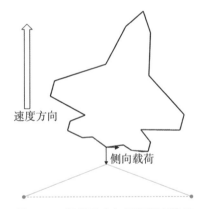

图 2-8 舰载无人机侧滑拦阻情况

拦阻着舰时的发动机推力 T 的选取应充分考虑复飞及拦阻距离等要求。拦阻着舰时的飞机气动载荷 Q 较小,按设计规范最大气动分布载荷的合力,可取飞机着舰重量。摩擦力 f 作用于轮胎与地面接触面(沿飞机逆航向)。

舰载无人机拦阻着舰的复杂性在于着舰撞击的动态过程与拦阻的动态过程在极短时间内相继发生,可能出现先被拦阻再着舰,或先着舰再被拦阻的情况。把这种耦合的载荷作用历程作为两种独立的载荷历程进行数值分析,并对两种载荷所导致的结构变形与内力历程予以叠加的方法是可行的。

2.2 舰载无人机结构设计

飞机结构总体布局设计是在满足使用要求和总体设计要求的前提下,对机体整体承力构件进行全机传力布置,形成结构总体布局方案的过程。

舰载无人机的特点是具备舰上短距离弹射起飞和拦阻着舰的能力,应在结构总体布局设计阶段设计出与舰船弹射和拦阻系统匹配的结构。

传统陆基飞机的纵向过载一般较小,通常不超过 $1g$,而舰载无人机在弹射起飞和拦阻着舰时会承受很大的瞬态纵向过载,因此需要在机身上布置较强的纵向传力构件,使飞机结构沿纵向形成一条完整的传力路径,将弹射、拦阻过程中产生的纵向瞬时载荷顺畅地扩散到机身结构中去。

机翼部件不仅要考虑纵向过载,还要重点关注拦阻着舰时机翼产生的负过载。

2.2.1 弹射载荷的主传力结构设计

舰载无人机的弹射载荷传递方式一般是通过弹射杆将载荷传递到前起落架,然后通过前起落架传递到机体结构上,最后通过前起落架舱壁板梁向机体结构扩散。为了直接传递载荷,通常在弹射杆接头与机身壁板梁之间增加一个斜支撑结构,将弹射力分解到垂向构件和纵向构件中。典型舰载无人机弹射结构及起落架与机体结构连接如图 2-9 所示。

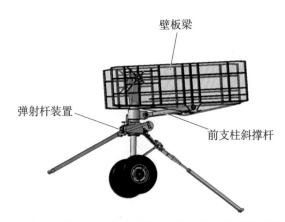

图 2-9 典型舰载无人机弹射结构及起落架与机体结构连接示意图

弹射载荷以应力波的形式从起落架与机身连接处向机身骨架传递。结构转折和分离面会导致应力波的聚焦或反射,不利于结构传载。因此,需要在设计中重点关注零件之间的连接结构和连接件,主传力路径上的结构应尽量设计为连续的整体结构件。典型舰载无人机机身前段弹射主传力结构如 2 - 10 所示。前起落架舱壁板向后延伸,设计成两条长的整体壁板梁,并通过铆钉与各承力框连接。弹射载荷通过前起落架支柱和前支柱斜撑杆传递到壁板梁,然后沿壁板梁向后传递,沿途将载荷通过纵向短梁和承力框扩散到整个机体结构上。

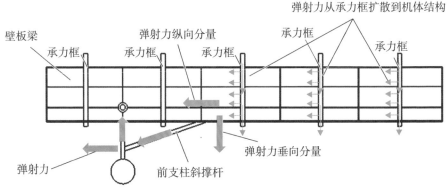

图 2 - 10　舰载无人机机身前段弹射主传力结构

设计飞机结构时除需要考虑飞行工况外,还需要重点关注弹射过程中主传力通道及机载设备的连接结构和连接件设计。

对于整体油箱结构,在弹射和拦阻冲击载荷下,燃油会对油箱壁板产生较大的冲击。需要重点关注油箱壁板的设计,增加隔框可有效降低燃油冲击载荷。

2.2.2　拦阻载荷的主传力结构设计

舰载无人机的拦阻钩通常布置在飞机中后段的对称平面内。拦阻钩在飞行时处于收起位置,在着舰时处于放下位置,并与舰面形成一定夹角,通过缓冲作动器确保其能钩住拦阻索。拦阻钩与机身以铰接的形式连接,连接位置位于拦阻钩接头和缓冲作动器接头处,拦阻载荷主要通过拦阻钩接头和缓冲作动器传递到机体结构上。拦阻载荷与弹射载荷类似,载荷通过拦阻钩传递到壁板梁上,然后沿壁板梁向后传递,通过纵向短梁和承力框扩散到整个机体结构上。典型舰载无人机机身后段拦阻主传力结构如图 2 - 11 所示。

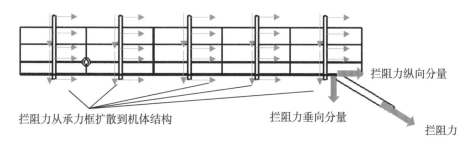

拦阻力从承力框扩散到机体结构 拦阻力垂向分量 拦阻力纵向分量 拦阻力

图 2‑11 典型舰载无人机机身后段拦阻主传力结构

同弹射起飞工况一样,考虑舰载无人机在拦阻工况下的机体结构设计时也需要考虑连接结构、油箱结构及成品设备等大质量安装结构的受力。

舰载无人机在着舰时下沉速度大,拦阻着舰时会产生较大的垂向负过载。相对陆基飞机结构,其机翼下壁板通常会设计得更强,以防止在负过载情况下,下翼面结构失稳破坏。

同时也需要考虑翼身连接结构在负过载情况下的承载能力,接头结构的上翼面部分和下翼面部分的强度不应相差过大,设计时要以飞行载荷和拦阻着舰载荷下的强度分析结果为依据,使接头结构满足强度要求。

2.3 舰载无人机强度分析

舰载无人机弹射起飞与拦阻着舰过程是典型的动态冲击过程,在无人机结构设计的全周期内,特别是结构设计前期,采用动强度设计分析方法对整个无人机进行弹射起飞和拦阻着舰模拟需要大规模的数值计算;由于各种系统协调导致结构设计过程的迭代轮次多,涉及的变量复杂。因此,在结构设计前期通常采用静强度分析方法对舰载无人机弹射起飞和拦阻着舰过程进行迭代优化和强度评估。对舰载无人机进行静强度分析时,首先通过计算和分析得到 2.1 节中的弹射载荷和拦阻载荷,然后通过力平衡计算得到结构各截面载荷,并在此基础上进行结构静力分析。

2.3.1 静强度分析

舰载无人机结构静强度分析是强度设计的重要内容。在方案设计阶段,进行整体传力分析,给出结构方案的传力路径;在初步设计阶段,进行整体结构强度分析和关键部位与连接局部细节分析;在详细设计阶段,进行细节强度分析和校核。

　　舰载无人机结构静强度分析分为整体应力分析和细节应力分析,其目的是求解飞机结构在各种载荷作用下的变形、应力和应变,检查、确认结构是否合理并满足相应的设计要求。整体应力分析的结果是结构优化设计、选择试验项目、确定结构关键部位、确定构件选材及强度试验载荷的重要依据,是表征全机和部件结构受力状态的重要技术途径,也是细节强度分析和校核的基础。除非有特殊要求,否则整体应力分析一般只进行线弹性分析。细节应力分析的结果是对关键部位应力状态、变形情况以及强度裕度更准确的表征。根据舰载无人机弹射/拦阻特点,细节应力分析应包括重要连接结构和连接件分析,对特别关注的部位应进行非线性分析。

　　静强度分析普遍采用应力应变表征结构内部受力情况,评估结构承载能力,常用分析方法有解析法、工程方法和有限元法。目前成熟的有限元分析软件主要有 MSC Nastran、ABAQUS 和 ANSYS 等。下面分三个方面介绍有限元法:建立用于结构强度分析的数学力学模型、施加载荷和输入材料性能数据、检查有限元模型的正确性。

　　1)建立用于结构强度分析的数学力学模型

　　建立用于结构强度分析的数学力学模型包括结构简化、网格划分、确定节点和选择约束,以及选择典型结构元素。

　　(1)结构简化。

　　进行结构简化前应明确分析目标和分析类型,并进行结构的传力路线分析。

　　要明确强度分析的目标是全机强度分析、部件强度分析、局部强度分析,还是细节强度分析。不同的分析目标关注的结构部位不同,对网格划分、元素选择及边界条件的处理也不尽相同。分析的类型包括线性分析和非线性分析。对于不同的分析类型,需要选取相应的元素类型、材料类型和计算方法。

　　进行结构简化时要对结构中力的传递情况进行仔细分析,了解在各种载荷工况下各种力在结构中的主要传递路径。这样简化出来的有限元模型才能够真实地反映结构的传力特性。在进行传力路径分析时,需要明确每个结构件主要传递的载荷,以便正确地选择元素类型;还要对局部结构的几何瞬变特性(如薄壁结构及其薄弱的刚度方向)进行分析,在进行结构简化时对方向的自由度进行相应的约束处理。在舰载无人机弹射起飞时,载荷主要通过前起落架传递到机身纵梁,再通过隔框向后传递;在拦阻着舰时,载荷主要通过拦阻钩接头传递到机身纵梁,再通过隔框向前传递。因此,对舰载无人机的主传力结构进行简化时,应准确地模拟主传力结构的传载特性。

(2) 网格划分。

网格划分是将连续结构划分为由各种类型单元(典型元素)组成的网格计算模型,即将连续结构离散为具有等效刚度和传力特性的数学力学模型。其要点是将实际结构离散化为在结构几何剖分的网格点处彼此连接的不同力学模型单元。

模型网格的大小和疏密与分析目标相关。进行整体强度分析时可舍去不参与整体传力的次要受力构件;对不规则的结构还需要进行规整化处理;进行局部强度分析和细节强度分析时要反映实际结构的细节特征。对应力和位移变化较大的重要部位,需要得到比较详细的结果,单元网格一般应划分得较细密;对应力和位移变化比较平缓的部位,单元网格可以较稀疏。一般来说,最大的离散单元网格不能超过结构骨架的一个格子。图 2-12 所示为某型无人机全机和机翼的网格划分情况。

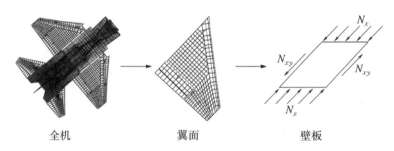

全机　　　　　　翼面　　　　　　壁板

图 2-12　某型无人机全机和机翼的网格划分

(3) 确定节点和选择约束。

模型网格的交点即为有限元模型的节点。有限元模型的节点还包括一些特殊的节点,如载荷作用节点等,这些节点应根据具体情况和需要来确定。对机身、机翼和尾翼等薄壁结构,模型网格的节点一般选择结构理论外形的外表面和纵向与横向主承力构件的相交点。

如何选择约束取决于外部对所分析结构的支持情况,有限元模型的约束是通过限制节点自由度来实现的。在有限元模型上施加约束,是为了消除结构局部的可变性和结构在空间的刚体位移,使其在数学上可解。消除结构局部可变性就是不提供刚度或只对微小刚度的节点自由度(方向)进行约束。对结构在空间的刚体位移约束要根据具体情况确定,进行部件应力分析时,要根据飞机对部件提供的支持来确定部件的边界约束;进行全机应力分析时,应根据需求选择全机约束点的位置。在实际工程应用中,由于加载误差,全机载荷不可能绝对平衡,所以全机约束可选择非重点关注的区域。当约束数目小于结构整体刚度的自由度数目时,因约束不足而无法求解。对舰载无人机弹射起飞和拦阻着舰进行静强度分析时,将各剖面载荷准确施加到相应位置,可根据圣维南原则进行约束。

（4）选择典型结构元素。

正确选择结构元素是结构有限元建模中最重要的内容之一。元素的选择应该能正确地反映实际构件的受力特点,元素间的连接要正确地反映结构的传力路线。在实际应用中,结构元素的选择还应兼顾现有的强度分析计算手段。典型结构元素的类型有很多,主要根据构件的受力特点进行选择。

图2-13　机身结构元件示意图

比如,舰载无人机机身的主要结构元件有加强框、纵向梁、机身长桁、蒙皮、地板等。如图2-13所示,机身加强框主要用于支撑蒙皮,维持机身外形及承受集中载荷等。一般可将机身加强框简化为平面梁元和弯曲板元。机身纵向梁为弹射/拦阻主传力结构,主要承受弹射/拦阻过程中的纵向冲击载荷。在简化模型时,机身纵向梁可简化为梁元和板元组成的板杆系结构。机身长桁主要承受因机身增压和弯曲引起的轴向载荷,在简化模型时长桁可简化为杆。机身蒙皮主要承受增压、弯曲和扭转引起的拉压和剪切载荷,在简化模型时,蒙皮一般可简化为平面正应力板元和剪应力板元。

机翼的主要结构元件有翼梁、长桁、蒙皮和翼肋等。如图2-14所示,翼梁是机翼结构中的重要承力构件。翼梁缘条主要承受轴向载荷,可简化为杆元,杆元面积要等效处理到理论外形所剖分的节点上。翼梁腹板主要承受剪切载荷,可简化为受剪板元或正应力板元。长桁是翼面结构的纵向构件,主要承受轴向载荷,可简化为杆元。而翼面蒙皮主要承受剪切和拉压载荷,一般简化为正应力板元。

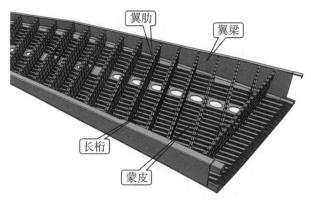

图 2‑14 机翼结构元件示意图

2）施加载荷和输入材料性能数据

舰载无人机在弹射起飞和拦阻着舰过程中，主要受气动力、惯性力和集中力。这些载荷性质虽然不同，但都属于静力载荷。其作用方式不外乎集中载荷和分布载荷，最终可以简化为有限元网格上的力和力矩，在进行结构强度分析时，都要把这些载荷等效地施加到有限元模型的节点或单元上。

舰载无人机结构中使用的金属材料、复合材料的材料性能可从专门建立的材料库中提取。

3）检查有限元模型的正确性

舰载无人机结构模型正确性直接影响强度分析结果和强度校核的准确性。为了保证有限元模型的正确性，在实施分析计算之前，需要对所建模型的合理性、可靠性进行检查和评定；还需要通过静力试验测得的位移和应变数据进行评价，经修正、检验的结构有限元模型的正确性一旦得到确认，就应当将该有限元模型的数据加以冻结。

2.3.2 动强度分析

机械系统问题可分为三类：第一类是在不考虑机械系统运动起因的情况下，研究每个部件的姿态及速度与加速度的关系，此类称为机械系统的运动学分析；第二类是当机械系统受到静载荷及运动副制约时，研究系统的平衡位置，此类称为机械系统的静力学分析；第三类是讨论机械系统与载荷的关系，此类称为动力学问题。研究复杂系统在载荷作用下各部件的动力学问题是舰载无人机设计过程中的重要问题。舰载无人机动力学的特殊性主要体现在弹射起飞和拦阻着舰两个阶段。

舰载无人机弹射起飞和拦阻着舰过程是一个复杂的动态过程,必须进行动力学分析才能准确地模拟机体结构响应过程。从现代结构动力学数值计算的技术资源角度,完成秒级历程的计算时间需用年来度量,同时对存储资源的需求也是正常计算机资源难以承受的。为此,现在对舰载无人机弹射起飞与拦阻着舰过程的动强度分析大多采用瞬态冲击响应方法和基于模态叠加的刚柔耦合动强度分析方法。

采用瞬态冲击响应方法对机体结构关键部位的受力和传载进行分析,确定弹射起飞/拦阻着舰时瞬态冲击下整个机体结构关键部位的载荷和应力分布,开展关键部位结构细节强度分析和评估,根据细节强度评估结果进行机体结构关键部位优化设计,可以有效地提高设计效率,达到工程应用的目的。其主要步骤如下:在粗网格模型动力学响应解的基础上,针对关键部位的危险时刻提取局部结构的边界响应结果,并进一步细化结构局域子模型,继而实施基于达朗贝尔原理的子模型静力计算,最终获得工程所需的细致分析结果。

采用模态叠加法,对舰载无人机弹射/拦阻过程进行动强度分析,首先根据机体结构模态分析或地面模态试验筛选必要频率的无人机模态信息,将模型变形视为由模态线性叠加得到的变形。再将机体结构离散成有限元模型,并对每个单元和节点进行编号,以便节点位移按照编号组成一个矢量,这个矢量由多个相互垂直的最基本同维矢量通过线性组合构成。这里最基本的矢量是模型的模态,模态对应的频率是共振频率,模态实际上是各个节点位移的一种比例关系。利用单元的材料属性,可以在模态空间中通过模态线性叠加得到单元内部各节点的位移,进而可以计算出构件的应力和应变。

本书重点介绍采用基于模态叠加的刚柔耦合动强度分析方法对舰载无人机弹射起飞与拦阻着舰过程进行动强度分析,详细方法及步骤见第 4 章。

2.4　典型舰载无人机结构设计案例

2.4.1　典型舰载无人机结构设计

舰载无人机与常规无人机最主要的结构区别在于机身纵向结构。图 2 - 15 所示为典型舰载无人机机身结构,机身布置两条加强壁板梁,由于翼身连接要求,机身壁板梁在机身中段断开,仅保留了顶部壁板。为了保证机身承载能力,在机身中段上部增设了两条上大梁,同下部壁板和蒙皮形成盒段结构。

图 2-15　典型舰载无人机机身结构

机身前段结构如图 2-16 所示,弹射杆连接到起落架上,通过起落架支柱和斜撑杆支柱将载荷传递到两侧的壁板梁。虽然壁板梁在机身中段断开,传力路径出现了较大的转折导致结构被削弱,但由于弹射载荷在经过多个承力框的扩散后已经有了明显的削弱,因此并没有使结构过多增重。

图 2-16　机身前段结构

机身后段与拦阻钩连接处的结构如图 2-17 所示。通过底梁连接壁板梁下端和拦阻钩连接点,通过斜梁连接壁板梁上端和拦阻钩连接点。底梁、斜梁和壁板梁形成一个闭合的三角形结构。该结构使得拦阻载荷沿纵向和斜梁方向传递。纵向载荷分量直接向机身前段传递;斜向载荷分量在壁板梁上端进一步分解为纵向分量和垂向分量,纵向分量沿壁板梁向前传递,垂向分量沿框筋条向上扩散,为了保证强度足够,将该框设计为加强框。

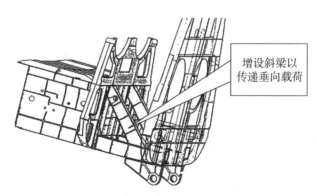

增设斜梁以传递垂向载荷

图 2-17　机身后段与拦阻钩连接处的结构

2.4.2　典型舰载无人机静强度评估

1) 舰载无人机弹射起飞静强度评估

根据前述章节对舰载无人机弹射起飞结构静强度分析载荷和方法的描述，现以典型舰载无人机机身前段结构为研究对象，采用 MSC Nastran 有限元分析软件进行舰载无人机弹射起飞结构静强度工程案例分析。

根据弹射起飞的载荷特点，与前起落架安装相协调，某典型弹射起飞无人机机身前段结构主要由纵向大梁和加强框组成，以保证在弹射起飞过程中载荷有效扩散。其前起落架安装及机身前段主要承力结构如图 2-9 和图 2-18 所示。

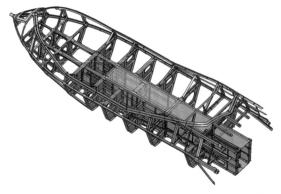

图 2-18　典型舰载无人机机身前段主要承力结构

该典型舰载无人机机身前段结构主要包括纵向壁板、框、纵向梁及蒙皮。在机身前段有限元模型中，腹板及蒙皮主要采用 CQUAD4 单元和 CTRIA3 单元模拟，缘条和筋条主要采用 CBAR 单元模拟，设备及配重采用 CONM2 单元模拟。机身前段整体及骨架有限元模型如图 2-19 所示。

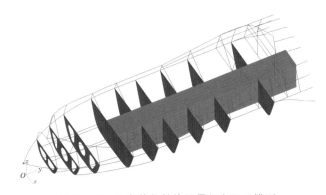

图 2-19　机身前段整体及骨架有限元模型

机身加强框、纵向壁板及梁主要采用 7050T7451 材料,蒙皮采用 LY12M 材料,天线罩及下部口盖采用泡沫夹芯结构。

对典型舰载无人机机身前段结构进行静强度分析时主要考虑弹射起飞载荷工况。根据飞机重量、发动机推力等参数指标,筛选出最大弹射载荷工况和张力销拉断载荷工况。弹射工况限制载荷如表 2-1 所示,进行静强度分析时考虑 1.5 的安全系数。进行机身前段整体模型静强度分析时在前起落架施加载荷,并在机身前段框上部和翼身交点处约束 1、2、3 自由度。

表 2-1　弹射工况限制载荷

工况	载荷	
	F_y/kN	F_z/kN
最大弹射载荷工况	-108	—
张力销拉断载荷工况	-58	16

通过有限元软件仿真计算,可对弹射起飞无人机结构的位移、应力及整体稳定性等主要强度设计指标进行分析。

(1) 位移分析。

对上述两种弹射载荷工况进行仿真计算,得到无人机最大变形及对应的工况,机身前段变形云图如图 2-20 所示,最大位移为 31 mm,发生在张力销拉断载荷工况。

Deform:ts-qjs02, A60:Static Subcase, Displacements, Translational, (NON-LAYERED)

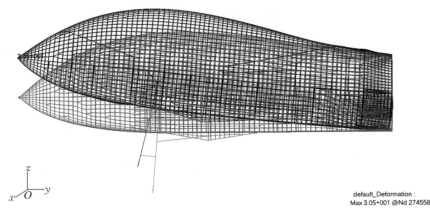

default_Deformation :
Max 3.05+001 @Nd 274558

图 2-20　机身前段变形

（2）应力分析。

结构应力分析应该按不同的部件给出结果，同一个部件如果存在材料不同的结构也应该分开给出计算结果，应力计算结果如图 2-21～图 2-23 所示。由图可知，机身前段纵向壁板最大应力为 128 MPa，机身前段下口盖碳布最大应力为 57.9 MPa，天线罩泡沫最大应力为 0.182 MPa。

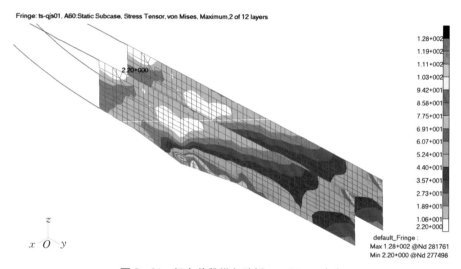

图 2-21　机身前段纵向壁板 von Mises 应力

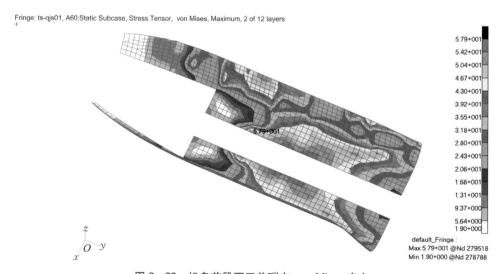

图 2-22　机身前段下口盖碳布 von Mises 应力

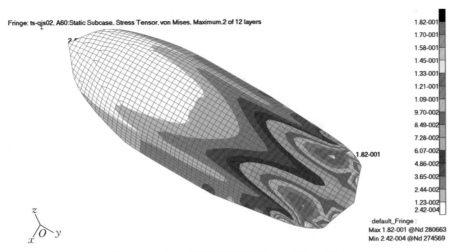

图 2 - 23　机身前段天线罩泡沫 von Mises 应力

（3）整体稳定性分析。

根据飞机设计准则要求，机身前段结构在限制载荷下不允许失稳，需要给出整机结构的稳定性计算结果，一阶屈曲因子应大于 1.0，机身前段一阶失稳位置云图如图 2 - 24 和图 2 - 25 所示。由图可知，最大弹射载荷工况下机身前段一阶失稳发生在起落架舱上盖板 STA2055 处，一阶失稳系数为 1.235 9。张力销拉断载荷工况下机身前段一阶失稳发生在天线罩 STA3710 附近，一阶失稳系数为 1.537。

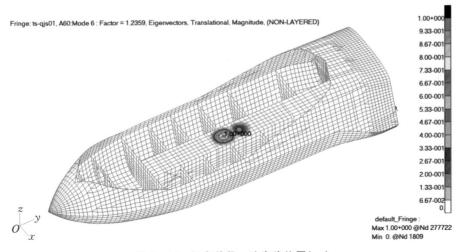

图 2 - 24　机身前段一阶失稳位置（一）

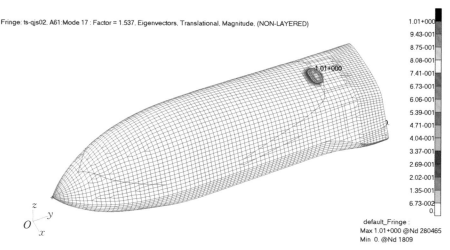

图 2‑25　机身前段一阶失稳位置(二)

由弹射载荷下该型无人机机身前段稳定性分析可知,弹射载荷作用导致机身前段结构强度危险部位出现在机身前段和主传力纵向梁上。

通过对典型舰载无人机弹射起飞最大弹射载荷工况和张力销拉断工况的仿真分析可知,无人机弹射起飞过程中机体结构主要传递前起落架带来的纵向弹射载荷,因此参与前起落架安装以及弹射载荷传递的起落架安装壁板和纵向传载部件是弹射起飞过程中受载严重的部位,在结构设计过程中应考虑使载荷直接、有效地传递。

2) 舰载无人机拦阻着舰静强度评估

根据上述对无人机拦阻载荷工况的介绍和描述可知,无人机在拦阻过程中主要承受由于高下沉速度带来的大起落架载荷及由拦阻索作用产生的拦阻载荷,而这两种载荷工况作用的时间及主要影响部位均不一致,因此在对无人机拦阻过程进行结构静强度分析时,对这两种主要的载荷工况分别求解。现以典型舰载无人机机身中段及机翼结构为研究对象,采用 MSC Nastran 有限元分析软件进行舰载无人机拦阻着舰结构静强度工程案例分析。

考虑舰载无人机拦阻着舰的载荷特点,并与拦阻钩装置和主起落架的安装协调,某典型拦阻着舰无人机机身中段结构主要由拦阻钩连接纵向梁和斜梁、贯穿机身的纵向大梁及加强框组成,以保证拦阻着舰过程中载荷有效扩散。典型舰载无人机拦阻钩安装及机身中段主要承力结构如图 2‑26 所示。

舰载无人机拦阻着舰机体结构静强度分析主要考虑纵向拦阻工况及垂向起落架工况。

进行纵向拦阻工况静强度分析时将拦阻载荷作用于拦阻钩,同时考虑过载引起的惯性载荷。除考虑拦阻载荷外,机身中段还承受油箱压力,计算机身中段油压时考虑 1 倍油箱使用压力叠加 1.5 倍油箱中油重产生的纵向惯性载荷。在对拦阻工况进行全机计算时,在前起落架轮心处约束 2、3 自由度,在左主起轮心处约束 3 自由度,在右主起轮心处约束 1、3 自由度。

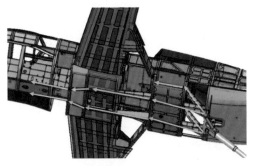

图 2‐26　典型舰载无人机拦阻钩安装及机身中段主要承力结构

垂向起落架工况用于静强度分析时,根据拦阻着舰下沉速度计算前起落架及主起落架工况限制载荷,主要包括轮心载荷及接地点载荷。垂向起落架工况在机身前段及机身后段框位置约束平动自由度,在起落架轮心和接地点处施加起落架载荷。

通过有限元软件仿真计算,可对拦阻着舰无人机结构位移、应力及整体稳定性等主要强度设计指标进行分析。

(1) 位移分析。

纵向拦阻载荷工况下机身中段最大变形为 110 mm,发生在拦阻钩接头处,如图 2‐27 所示。

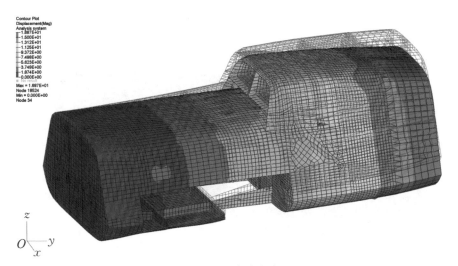

图 2‐27　机身中段变形

（2）应力应变分析。

纵向拦阻工况、垂向起落架工况下机身中段金属结构及复合材料结构应力应变如图 2-28～图 2-32 所示。由图可知，拦阻钩接头最大应力达到 835 MPa，机翼梁应变达到 3170 $\mu\varepsilon$。

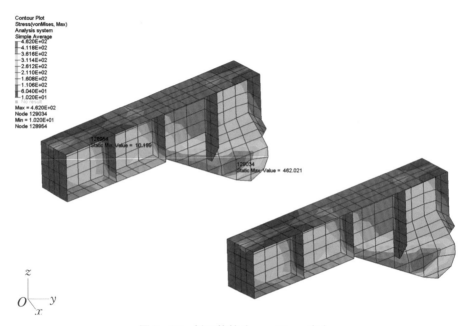

图 2-28　拦阻钩接头 von Mises 应力

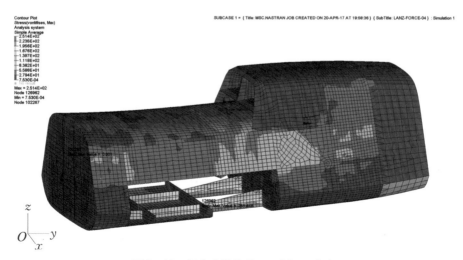

图 2-29　机身中段结构 von Mises 应力

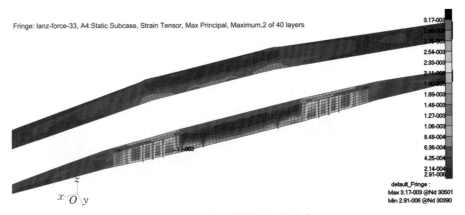

图 2‑30　机翼梁最大拉伸应变

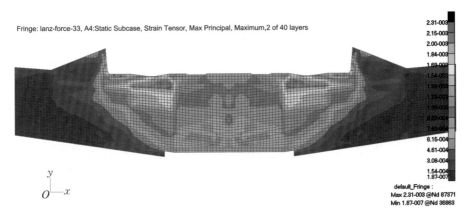

图 2‑31　机翼下蒙皮最大拉伸应变

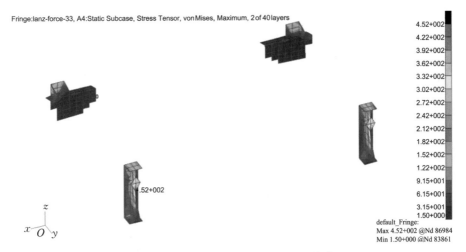

图 2‑32　翼身连接接头 von Mises 应力

（3）整体稳定性分析。

垂向起落架工况下主要失稳发生在机翼纵向肋及后墙上,主要失稳形态如图 2-33 和图 2-34 所示。

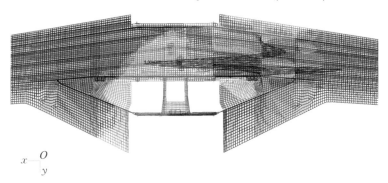

图 2-33　机翼失稳形态(一)

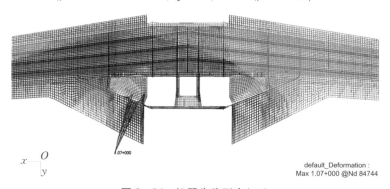

图 2-34　机翼失稳形态(二)

由对典型舰载无人机拦阻着舰纵向拦阻工况和垂向起落架工况的仿真分析可知,无人机在拦阻着舰过程中,机体结构主要传递由拦阻索带来的拦阻载荷及起落架载荷,因此参与拦阻载荷传递的纵向部件及传递起落架载荷的起落架舱结构是拦阻过程中受载严重的部位,在结构设计过程中应保证载荷直接、有效地传递。

2.5　舰载无人机结构腐蚀防护与控制

腐蚀是材料在外界环境作用下逐步变质和破损的现象。腐蚀会严重影响飞机结构的完整性,危及飞机的飞行安全,并给飞机维护、维修带来成本压力,增加飞机的停场时间和维修成本。尤其对于在海洋环境下服役的飞机,其金属结构会受到更严重的腐蚀威胁,严重时会酿成重大空难事故。

随着当前先进飞机结构对寿命、可靠性、维修性、经济性等要求的不断提高,腐蚀防护与控制朝着飞机在全寿命期内采用先进技术和现代化管理的方向发展。

腐蚀的机理是金属材料与环境介质发生了某种化学反应,引起金属损坏、变质。新一代抗腐性能较好的铝锂合金、钛合金、复合材料的使用,将从飞机结构固有的抗腐蚀性能上提高结构的环境适应性,这些新型抗腐蚀材料可应用于下一代作战飞机、无人机、直升机、空天飞行器结构设计,并开发适用于铝合金、钛合金结构的新一代涂层体系。

在舰载无人机结构设计过程中,尤其需要重视腐蚀防护与控制技术。在结构设计中应尽量防止或减少腐蚀现象的发生,主要从材料选择、结构布局、表面防护和腐蚀检测等方面进行控制。

2.5.1　材料选择

应从以下几个方面选择适宜的结构材料。

(1)机体结构零件尽量选用抗腐蚀性能好的材料和热处理工艺。

(2)机体零件的材料应与其工作环境相适应,尽量不选用镁合金材料。

(3)在没有充分证明材料的抗腐蚀性能不受影响的情况下,不得改变材料标准中规定的热处理工艺。

(4)用薄铝板材制造的零件,除特殊情况外均采用双面包铝层板。

(5)由几个零件构成的组合件的各个零件应尽量选择同一种材料;如难以实现,则要选用电位差相近的材料;如电位差较大,则可采取夹绝缘材料等措施隔离,同时考虑以合理的方式保证电连接通路。

2.5.2　结构布局

结构应具有合理的构型和组合,主要从以下几个方面考虑。

(1)尽量减少蒙皮分块,将蒙皮对缝安排在不易进水的地方,同时蒙皮留有足够的间隙,以便涂胶密封。

(2)在允许的条件下用整体壁板、胶结壁板代替铆接壁板和螺接壁板。

(3)尽量用干涉铆接、干涉螺接、湿装配代替普通铆接、普通螺接。

（4）蜂窝结构应使用无孔蜂窝芯，并应采取有效措施防止水蒸气浸入、水分聚集及长期驻留。

（5）采用在机体结构上安装轴承、衬套等过盈配合时，过盈量选择所产生的拉应力不应超过该材料纤维方向的应力腐蚀许用值；尽量避免过盈配合产生的拉应力与材料高向纤维一致。

（6）零件形状简单、表面光洁、便于防护。

2.5.3　表面防护

金属镀层及化学覆盖层的主要用途是保护金属材料免遭腐蚀，或作为功能性镀覆层使金属材料获得某种特殊的功能，以满足特定的使用要求。根据金属材料特性、使用环境、受力状态选择可靠的金属镀层和化学覆盖层。

有机涂层的主要用途是保护金属材料和非金属材料不受环境条件的侵蚀，延长材料的使用寿命。涂膜使物体表面与外界环境隔离，防止介质受侵蚀；涂料内部化学组分与金属反应，使金属表面形成钝化膜，起缓蚀作用；涂料组分中的某些金属电位比基体电位低，起保护作用。用有机涂料保护表面是航空产品最经济、最有效、最简单、最重要的保护措施之一，如整体油箱结构应采用防护燃油侵蚀的涂层或其他防护涂层。

防护涂层为单个零件提供了良好的保护，应用缓蚀剂则可以对装配好的连接结构起到进一步的防护作用。

2.5.4　腐蚀检测

机体表面和常拆卸口盖区域的腐蚀在日常维护中很容易被发现，而机体远离口盖区域的内部结构的腐蚀往往难以进行直接检测，只能通过间接的手段，如检测腐蚀对结构的影响间接反映结构的腐蚀情况。

结构健康监测是一种将智能材料应用于实际工程中的技术。它是一种仿生智能系统，可以在线监测结构的"健康"状态。通过将传感器埋入结构或表面粘贴的方式，反馈结构的缺陷和损伤。当结构因为腐蚀或者其他情况而强度削弱时，工作人员可以通过传感器反馈的结构了解损失位置和损失程度，进而进行针对性检查。

第3章　舰载无人机起降系统与舰面适配

起降系统是舰载无人机弹射起飞和拦阻着舰时产生的关键系统,主要由前起落架(前机轮轮胎、前轮操纵作动器、前支柱斜撑杆)与弹射杆装置和牵制杆装置,主起落架(主机轮轮胎、轮载开关、主起落架支柱及斜撑杆),拦阻钩装置及阻力伞构成,如图 3-1 所示。

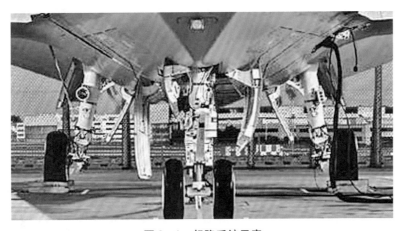

图 3-1　起降系统示意

起降系统的主要作用是与舰面装置相匹配、吸收传递弹射和拦阻着舰时产生的能量和载荷。系统结构复杂、承受的冲击过载大,弹射/拦阻装置接口要求精确,弹射/拦阻挂接、牵制及分离等功能要求可靠,因此,需要综合考虑在有限空间和较小重量代价下融合弹射/拦阻、牵制、突伸、缓冲、收放、转向等功能要求,并在整个起降系统中实现。同时,拦阻着舰时还要分别兼容飞机的拦阻钩角度、挂钩的转动自由度、拦阻钩接地回弹高度等情况。而对弹射和拦阻连接的结构区域,也需要着重考虑结构反复承受较大冲击载荷的情况,对该区域进行充分的优化设计,保证结构强度满足要求。弹射起飞需要涵盖的主要功能如下:弹射杆收放,与弹射器快速挂接;弹射前牵制飞机,张紧后释放飞机;与弹射装置的功能、性能和接口适配;支撑飞机滑行、减震、减摆,吸收着舰功量。拦阻着舰需要涵盖的主要功能如下:拦阻钩释放,角度调整;拦阻钩与拦阻索钩连;缓解拦阻冲击载荷,实现飞机快速减速。

起降系统的舰面适配主要包括前起落架系统与母舰弹射装置的适配、拦阻钩系统与母舰拦阻系统的适配,以及前、主起落架系统为满足冲击载荷传递和着舰时飞机总体性能、跨索需要等的适应性更改。其总体布置参数主要包括前起落架与主起落架支柱全伸展长度、前轮胎与主轮胎直径、拦阻钩长度、钩甲板角、拦阻钩收放角度、钩轮距等。

3.1　弹射起飞前起落架的形式与功能

舰载无人机起落架一般采用前三点式,前起落架与主起落架共同承担起飞着舰时的冲击能量,飞机在甲板或地面停放时的支持系留,控制飞机滑行转弯和小角度纠偏。

与常规前起落架相比,除对前起落架支柱、前机轮-轮胎组件进行了加强外,舰载无人机弹射前起落架还增加了弹射杆装置、牵制杆装置、前支柱斜撑杆、轮载开关、前轮操纵作动器等,如图3-2所示。

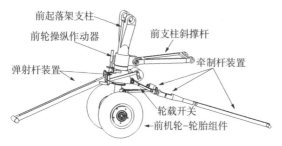

图3-2　前起落架系统组成图

弹射杆在导向槽内的滑动使飞机对准弹射轨道,在向前的运动过程中触发缓冲钩升起装置,并与动子进行挂接,在弹射冲程末端,动子减速与其分离时,弹射杆自动收起并锁定,工作流程如图3-3所示。

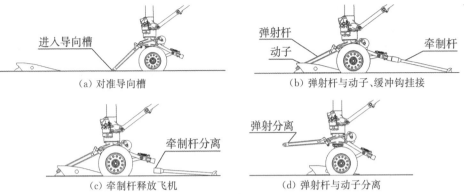

（a）对准导向槽　　　　　　　　　　（b）弹射杆与动子、缓冲钩挂接

（c）牵制杆释放飞机　　　　　　　　（d）弹射杆与动子分离

图3-3　弹射杆装置和牵制杆装置工作流程

　　前起落架主支柱采用双腔缓冲器，以满足吸收着舰功量的要求，并提供合适的停机压缩量；在前起落架支柱上设置合理的弹射杆安装支座、扭力臂安装位置、扭力臂长度，满足前起落架强度、刚度设计要求；前起落架设计有牵制杆装置，为牵制杆设置张力销和振荡抑制器，张力销断裂释放飞机，振荡抑制器消减张力销断裂瞬间的冲击与振动能量；采用双轮叉结构，高度与动子匹配，满足跨过动子的要求，设计及实物图如图3-4所示。还设置加强的前起落架支柱斜撑杆，用于将冲击载荷传递到机身。

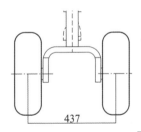

437

图3-4　前起落架架高双轮叉

3.1.1　加强的前起落架缓冲器选择

　　弹射装置通过为无人机前起落架提供牵引力，使无人机短时间内达到规定的起飞速度，其前起落架缓冲器承受极大的载荷；而在着舰阶段需要平衡拦阻状态下飞机的俯仰，两种不同需求的使用工况使得缓冲器设计极度复杂。除了要满足弹射与拦阻两种工况外，缓冲器在停机、挂接、张紧、弹射过程中都必须严格遵守弹射装置要求。为解决上述问题，需要对两种矛盾的需求进行详细分析论证，对比多种缓冲器构型的优缺点，评价充填参数的可行性，最终使得无人机同时满足弹射起飞和拦阻及正常着舰的不同使用状态。

（1）前起落架回弹设计思路。

缓冲器高压气腔在无人机弹射过程中因极大的过载（一般为 4g 左右）而压缩，因弹射载荷释放而回弹。在相同的预置舵面角度下，若前起落架回弹量过小，则飞机在有限的距离内无法建立要求的姿态角；若回弹量过大，则飞机建立姿态角过大，将影响飞机的安全。基于落震仿真模型，通过模拟前起落架当量质量，对前起落架不同压缩行程的回弹性能进行设计迭代，以取得适合的参数。

（2）前起落架性能参数选择思路。

与前起落架主要性能相关的系数、结构参数、充填参数可基于前起落架动力学模型进行迭代优化，以满足使用要求。

3.1.2 弹射杆

弹射杆装置必须具有弹射杆收放、中立位置锁定、往复车挂接时随动和手动放下等功能。采用液压马达放弹射杆和简单的扭簧组进行弹射杆的自动收起设计，既可以人工放下弹射杆，又可以由液压驱动放下弹射杆。

弹射杆装置由弹射杆作动单元、弹射杆连接机构、弹射杆锁装置组成，通过转动套筒与前起落架支柱连接，由弹射杆阀控装置控制。弹射杆装置在中立位置通过弹射杆锁装置锁住定位，通过解锁作动器解锁，由液压驱动；弹射杆通过弹射杆作动单元放下，由液压驱动，弹射杆通过弹射杆作动单元复位弹簧收起，并由弹射杆锁装置锁住定位。弹射杆装置构型如图 3-5 所示，实物图如图 3-6 所示。

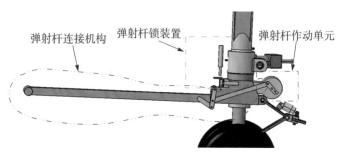

图 3-5　弹射杆装置构型

图 3-6　弹射杆装置实物图

3.1.3　牵制杆

牵制杆装置必须具有弹射牵制、定力释放、抑制振荡和防止翻转等功能。牵制杆装置安装在前起落架扭力臂转轴上,通过张力销定力释放飞机;采用振荡抑制器抑制断裂瞬间冲击能量引起的振动;设置两段式牵制杆,防止其撞击地面后发生翻转损伤机体结构;配置合理拆装接口,方便每次的拆卸与安装,牵制杆装置构型和实物如图 3-7 和图 3-8 所示。为了实现不同载荷的定力拉断,可选择不同规格的张力销。

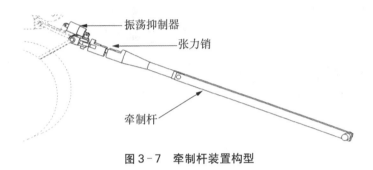

图 3-7　牵制杆装置构型

图 3-8　牵制杆装置实物

3.1.4　弹射起飞适配

飞机弹射装置与舰面的适配主要是功能、性能和接口的适配,每一个参数均关系着飞机的安全,必须保证其准确,主要设计输入包括下沉速度、着舰重量、弹射牵制与弹射杆收放需求、转弯减摆需求、舰机具体接口适配。同时,需要对飞机的重量重心分配严格限制,对前起落架高度及机上安装位置进行迭代设计,对起落架停机压缩量严格控制。

前起落架与弹射装置的适配,主要包括从静态到张紧再到弹射起飞的整个过程,弹射杆与弹射轨道角度(即弹射角)一般为 $25°\sim35°$,牵制杆与弹射轨道角度(即牵制角)一般为 $15°\sim20°$。张紧过程中,往复车(拖梭)与缓冲钩钩心距也必须根据总体参数的选择、过载情况等适配在一定范围内。

基于弹射装置接口尺寸及弹射流程,通过对前起落架进行功能、性能和构型优化,强度、落震性能及摆振性能仿真,前起落架系统综合优化设计,保证在飞机入场导向、牵制杆安装、触发缓冲钩、往复车挂接、往复车张紧、往复车分离等方面均满足弹射装置适配性要求,主要接口适配如图 3-9~图 3-11 所示。

(a) 弹射杆收起　　　　　　　　　(b) 弹射杆放下

图 3-9　前起落架弹射杆与导向槽适配

图 3-10　弹射杆与往复车挂接

图 3-11　张紧状态的前起落架

3.2　拦阻着舰主起落架的形式与功能

舰载无人机主起落架由主起落架支柱、主支柱斜撑杆、带刹车装置的机轮‑轮胎组件、机轮速度传感器、轮载开关等组成,如图 3‑12 所示。

其相对正常主起落架的变化主要有以下几个方面:支柱增高以匹配拦阻钩;主起落架支柱和缓冲器增强,以满足落震等大冲击设计要求;主机轮轮胎直径需要满足翻越拦阻索的要求。

图 3‑12　主 起 落 架

3.3　拦阻着舰拦阻钩的形式与功能

需要专门为拦阻着舰配置拦阻钩系统,其与舰面拦阻索共同构成舰面的拦阻系统。拦阻钩一般位于机腹后部中央,着舰时拦阻钩解锁,纵向缓冲作动器驱动其下压至舰面甲板,并钩住拦阻索,使舰载无人机制动。拦阻钩上主要设有纵向缓冲作动器、对中阻尼器、上位锁、钩臂、钩头、结构安装座、锁环等,如图 3‑13 所示。

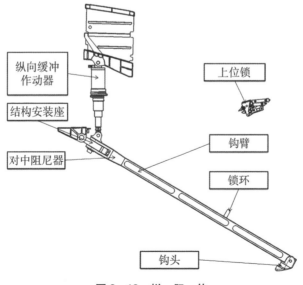

图 3‑13　拦 阻 钩

3.3.1　拦阻钩

拦阻钩钩体和纵向缓冲作动器分别安装在不同的结构支座上,拦阻钩由纵向缓冲作动器通过液压驱动收起,并通过内部压缩气体实现放下和压紧;上位锁多采用钩环式,实现拦阻钩收起时的可靠上锁。其中,还配有上下到位传感器以确保收放到位,其主要需要考虑的设计因素包括放下时间、收起时间、收放表速、撞击甲板反弹高度等,钩头装置实物如图 3 - 14 所示。

图 3 - 14　钩头装置实物图

3.3.2　纵向缓冲作动器和对中阻尼器

纵向缓冲作动器具有放下、收起、纵向压紧钩臂,抑制钩臂左右摇摆、钩头撞击甲板后的反弹,吸收钩头撞击甲板的冲击能量,传递挂索后的大冲击载荷的功能。其一般可以采用油气分离式布局,在拦阻钩上位锁解锁后,高压冷气膨胀和拦阻钩自重使气腔活塞下移,分区油腔的油液使推动活塞杆下移,并通过末端安全阀实现回油,确保钩臂放下。

钩头在初次冲击甲板时,反弹导致活塞杆推动油腔油液通过阻尼孔回流,阻尼孔和气腔对钩头反弹进行抑制,在钩头与拦阻索啮合后,钩臂被迅速拉至水平,安全阀打开,对产生的冲击压力进行泄压,保护内部结构。

完成拦阻着舰后,油腔输出液压推动活塞上移,油腔回流,气腔压缩,拦阻钩收起,通过钩臂上的锁环与上位锁装置相扣,完成收起上锁。

对中阻尼器主要由活塞杆、滚轮、弹簧组成,起到抑制飞机在偏心着舰时由于钩头与拦阻索之间的摩擦导致的钩臂左右摆动或旋转。

3.3.3　拦阻着舰适配

拦阻钩系统与拦阻系统的适配主要是设计拦阻钩的各项参数,以确保有较高的拦阻成功率。

在飞机着舰速度一定的情况下,钩轮距直接影响挂锁的成功率,钩轮距越长,钩头与压索回弹后的拦阻索适配性越好,但是其连接和重要性将超出设计范围,钩轮距是总体布置的最终结果,需要综合考虑起落架高度、飞机姿态角、钩甲板角等因素。

拦阻索高度和直径是拦阻适配的主要影响因素,其对前起落架和主起落架的轮胎直径提出高度要求,以满足跨索指标;同时,对拦阻钩钩头的尺寸、索槽尺寸、钩尖角也提出要求,以增加抑制钩头回弹的能力和与拦阻索的啮合能力,保证钩头捕获拦阻索,增加挂索成功率。

3.4　弹射起飞与拦阻着舰过程特征

3.4.1　弹射过程

舰载无人机通过弹射杆、牵制杆与弹射装置相连,弹射杆传递往复车牵引力,拖曳无人机滑出,牵制杆对飞机进行牵制,并在预定时刻释放。其整个过程如下:牵引到位后,弹射杆在张紧力加载下,前起落架缓冲器不断压缩,同时发动机推力达到最大,当达到牵制杆上张力销的断裂力时,张力销受剪断裂,载荷突变,机体瞬间被施加从起落架传递来的航向大过载,直至达到起飞状态,弹射杆与舰体脱离。

起飞过程主要分为牵制杆拉紧到张力销断裂再到飞机弹射杆脱离舰体三个阶段,其主要受飞机重量、发动机推力、前起落架缓冲器、张力销、适配情况等因素的综合影响。

1) 张力销断裂阶段

随着牵引力的增加,张力销断裂的时间增加,在相同距离的情况下,张力销断裂载荷越大,机身最终速度越大,同时,机体受载的严重程度有减小的趋势。

弹射过程中,与前起落架直接连接的前机身过载峰值比机身其他部位的大很多,同时,张力销断裂载荷增加,过载峰值也随之增加,前机身与机身其他部位的过载扩散随距离递减。

在不同加载速率下弹射时,对机身弹射过载并没有较大影响,但达到加载峰值的时刻随着加载速率的增加而提前。

2) 其他工况对弹射过程的影响

舰体由于受海面影响导致舰面摇晃,其主要产生 6 个自由度的运动,其中以横摇、垂荡和纵摇的影响最为显著,但是几个方向的影响一般不超过 0.4g,同时弹射过程中弹射杆的约束进一步削弱了其影响。

侧风对舰载无人机弹射的影响主要是气动外形,没有标准化的公式或模型,因此一般通过计算流体力学仿真得出。一般情况下,对无人机来说,机身的横向

过载有最大 $0.5g$ 左右的小幅增加。

3.4.2 着舰过程

着舰过程分为着舰撞击、机轮起转和回弹三个阶段。起落架的减震缓冲系统必须能够承受着舰撞击的大量动能,并吸收和耗散,避免将过大的能量传递给机身或机翼。影响着舰载荷的因素较多,主要包括飞机重量、下沉速度、水平速度、重心位置、缓冲器性能、飞机姿态、地面(舰面)风速、道面(舰面)与轮胎、机场(舰上)高度与温度等。一般对设计来说,着舰撞击是起落架设计的严重受载工况。

1)着舰撞击阶段

着舰撞击阶段受到着舰环境、飞机性能、着舰操作等因素影响,其撞击载荷的大小主要取决于飞机着舰前的下沉速度和飞机重量。其中,着舰下沉速度是舰载无人机在航母上着舰时,飞机速度在竖直方向的分量,既是着舰撞击严重程度的重要标志,也是影响起落架性能的主要设计参数,其量值直接影响起落架载荷,进而影响起落架及机体结构的重量。一般下沉速度为 $3\sim4\,\mathrm{m/s}$,复飞能力的要求使得着舰下沉速度增大,一般为 $6\sim7\,\mathrm{m/s}$。

着舰撞击载荷方向取决于着舰姿态,包括垂直撞击、前方撞击和侧向撞击三种姿态。

2)机轮起转阶段

飞机着舰前,机轮大多是相对于飞机静止不转的。在飞机着舰接地后,由于摩擦力的作用,产生了使机轮转动的力矩,机轮会从静止迅速加速到滚动线速度与飞机水平速度相等的状态。在此过程中,机轮与道面(舰面)的航向摩擦力先增大,达到最大值后又减小,这个最大值就称为"起转载荷"。

不同性能飞机的起转时间是不一样的,一般与着舰水平速度和机轮转动惯量成正比,与机轮滚动半径的平方、垂直载荷和轮胎与道面的摩擦系数成反比。起转结束时,减震支柱往往还远未能吸收垂直撞击能量,压缩行程为 $10\%\sim25\%$。

3)回弹阶段

起落架结构存在回弹现象,机轮起转过程中,与道面的摩擦力会使起落架产生弯曲变形,随着摩擦力减小,结构积蓄的能量会释放出来,产生向前的回弹力,进而形成回弹载荷。

3.4.3　着舰姿态影响

飞机着舰可分为对称着舰和非对称着舰两类。

1）对称着舰

对称着舰包括水平着舰和机尾下沉着舰两种姿态，详细说明如表 3-1 所示。在对称着舰情况下，结合对称着舰的姿态和飞机下沉速度，应用动力学分析方法可以计算前、主起落架上的载荷。

表 3-1　对称着舰飞机姿态

序　号	飞机着舰姿态	说　明
1	三点	主轮和前轮同时接触道面
2	两点	主轮接触道面，前轮在着舰过程中仅稍微离开地面，不承载
3	机尾下沉	主轮接触道面，飞机处于最大升力的俯仰角或处于飞机所有其他部件均稍离地面所允许的最大俯仰角下

2）非对称着舰

非对称着舰包括单个主起落架着舰和侧滑着舰。

单个主起落架着舰情况下，飞机保持两点水平姿态，仅以一个主起落架触舰。计算着舰载荷时，作用在触地起落架上的垂直载荷应与两点对称着舰时一个主起落架上的垂直载荷相等，阻力载荷是该起落架上规定垂直载荷的 0.4 倍。未平衡的外载荷应由飞机的惯性力平衡。

侧滑着舰情况下，飞机保持两点或水平姿态，仅以主轮触舰。计算着舰载荷时，作用在各主起落架上的垂直载荷是两点或水平对称着舰时的最大垂直载荷的一半。对于侧向载荷，一侧起落架上的侧向载荷向内作用，是该起落架上所规定的垂直载荷的 80％；另一侧起落架上的侧向载荷向外作用，是该起落架上所规定的垂直载荷的 60％。这两个侧向载荷同时作用，并由飞机的惯性力平衡。

第 4 章　舰载无人机弹射起飞/拦阻着舰工况结构动强度设计

　　在飞机结构设计中,振动、冲击等动载荷作用下进行的结构强度分析属于结构动强度问题。据统计,在由强度失效造成的飞机结构破坏事件中,动载荷所引起的破坏约占 30%。随着航空技术的发展及大量新材料的应用,各种应运而生的冲击动力学问题对飞机动强度设计不断提出新的挑战。动载荷破坏形式主要表现为使飞机结构受到过度冲击或产生过度振动,从而导致结构破坏或产生动态疲劳裂纹,飞机使用寿命及结构的可靠性和耐久性降低。

　　基于舰载无人机弹射起飞和拦阻着舰工况下的结构分析需求,本章介绍了结构动强度设计理论、结构动强度分析方法和对舰载无人机弹射起飞、拦阻着舰工况下进行结构动强度分析的建模方法。

4.1　飞机结构动强度设计理论

　　飞机结构静强度主要研究结构材料在极限载荷下的抵抗破坏能力,取决于材料及工艺性能,而其动强度则由更多的因素决定,涉及结构固有模态、频率、刚度、质量分布、阻尼、附加子系统,结构在动载荷作用下的应力与变形响应,结构的运动稳定性和结构耐振动冲击能力等。

　　为保证舰载无人机机体结构在寿命周期内不致产生一次性破坏、疲劳裂纹及有害或过度的振动,动强度分析理论需要考虑以下四个方面的问题。

　　(1)外来物撞击机体结构带来的强度损伤。在面临鸟撞、冰雹撞击、跑道和停机坪上的碎石撞击或者其他外来撞击时,在不小于规定的发生概率的情况下,这些外来物损伤环境不应导致飞机损毁,且不应对机体造成不可接受的损伤。不可接受的损伤是指对飞机战斗能力造成重要影响或需要高额修理费用的损伤。

（2）飞机在弹射起飞、拦阻着舰等情况下受到的瞬间冲击动载荷引起的机体结构、起落架及其他相关系统动响应及其对结构强度所产生的影响。应通过计算分析或模拟试验求得动力放大因子，在设计载荷中加以考虑。对承受重复冲击动载荷的机体结构，还应引入耐久性设计及损伤容限设计，根据设计使用寿命及设计使用方法编制相应载荷谱，以用于耐久性/损伤容限设计、分析和试验验证。

（3）飞机局部振动对机体结构的影响。对承受振动载荷的起落架、拦阻钩和弹射杆结构及减速板等设备，应该考虑瞬态振动载荷引起的动载荷效应和材料在快速交变载荷下的性能变化。在设计载荷时需要考虑引入通过计算分析或模拟试验求得的动力放大因子，并研究有关的激励频率与支持刚度的匹配关系，以找到最佳组合，为改进结构提供依据。

（4）噪声载荷对飞机结构产生的动应力响应。舰载无人机在地面开车、滑跑、爬升、巡航及空中各种飞行状态、下滑着陆等有效飞行段的发动机噪声声压等级较高，使飞机结构受到明显的动应力影响。在分析及设计中通过确定各有效飞行段的持续时间并得到完整噪声载荷谱，可将声载荷转换为功率谱密度值，采用 DSR 法对舰载无人机结构进行声响应分析，得到结构关键部位在声载荷作用下的动应力结果，基于动应力峰值和频谱分布优化高应力结构形式。

4.1.1　飞机结构动强度设计准则与判据

根据飞机结构使用及维护的需求，设计准则包括确定性设计准则和可靠性设计准则。确定性设计准则是保证机体满足结构设计最低要求所必需的准则，这些准则可以按照国军标或根据历史经验，并考虑新设计方法、新材料、新制造方法、非常规飞机构型、非常规使用及维护等因素确定。在确定性设计准则不适用的情况下，应采用基于载荷-强度联合概率分析的可靠性设计准则，以预测结构有害变形和结构破坏的风险。对关键的飞机零部件还应考虑重量、耐久性/损伤容限的附加要求。

飞机结构动强度设计的基本原则如下。

1）确定性设计准则

依照确定性设计准则，要求机体结构在极限载荷下不发生破坏，在限制载荷下不发生有害的屈曲。限制载荷应是飞机在允许的地面和飞行使用中可能产生的最大和最严重的载荷组合。极限载荷由限制载荷乘以合适的不确定系数得出。不确定系数应参照类似飞机已验证过的系数来选取,一般取 1.5。当检查方法精度降低或由于采用新材料、新制造方法而受到限制,以及飞机的使用方法显著不同时,考虑到设计、分析和制造方法的不确定性,应适当提高不确定系数。对于冲击载荷,由于其随时间变化过程复杂,因此设计方式参照拟静态设计,适用确定性设计准则。

2) 可靠性设计准则

在动强度设计中,可靠性设计准则体现为在动态疲劳破坏、结构能量判断及动态屈服中的应用。

动态疲劳破坏准则预估结构在重复载荷源作用下的振动疲劳寿命,根据耐久性及损伤容限设计要求编制相应的载荷谱,用于反映飞机在设计使用分布内的严重使用及基准使用情况,以飞机机体结构设计寿命指标为标准。在验证飞机结构和结构部件的振动疲劳寿命时,振动使用寿命的分散系数应取 2.0;在振动载荷作用下,结构和结构部件的设计不确定系数为 1.5。

结构能量判断主要运用于鸟撞、轮胎爆破等幅值高且历时短的强动载荷问题。在此情况下的应变率比静态应变率高数个数量级,此类问题无法用准静态弹塑性力学或断裂力学进行分析,使用静态破坏应力已经无法准确判断结构情况。能量判别法目前尚无非常成熟的定量方法。

在结构分析中通常假设裂纹扩展的应力水平与应变成比例,但在非线性范围内一般会有惯性延迟的现象出现,需要加以考虑。弹性变形范围和达到动强度极限之前的材料刚度及其变化是一种非弹性变形延迟的结果,即在高频条件下出现材料普遍存在的屈服极限增加的现象。在单向受力情况下,Campbell 于 1953 年提出的动强度屈服极限 σ_y^d 与静强度极限 σ_y 存在以下关系:

$$\int_0^{t_d} \left[\frac{\sigma(t)}{\sigma_y} \right]^\alpha \mathrm{d}t = \beta \tag{4-1}$$

$$\sigma_y^d = \sigma(t_d) \tag{4-2}$$

式中:α 和 β 为材料常数;t_d 为动态屈服时间。这一方程是动态屈服的积分条件,它考虑了弹性变形范围内材料对应力历程的灵敏度。在拉伸试验中,上述方程可以在时域上离散化为如下形式:

$$\sum r(t_i)^\alpha \Delta t = \beta \tag{4-3}$$

式中:下标 i 为时域离散步编号。在测得若干组 r 与 t 的关系后,α 和 β 可以通过参数识别方法获得。

多向受力状态的强度分析较为复杂,其基本方程可以确定如下:

$$f(\sigma_{ij}) = \left[\frac{\tau_0}{\rho(\varphi)} + A \right]^2 - B\sigma_0 - C = 0 \qquad (4-4)$$

式中:

$$\rho(\varphi) = \frac{2(1-\lambda^2)\cos\left(\dfrac{\pi}{3}-\varphi\right) + (2\lambda-1)\sqrt{4(1-\lambda^2)+5\lambda^2-4\lambda}}{4(1-\lambda^2)\cos^2\left(\dfrac{\pi}{3}-\varphi\right) + (2\lambda-1)^2}$$

$$(4-5)$$

$$\cos 3\varphi = \sqrt{2}\,\frac{J_3^3}{\tau_0^3} \qquad (4-6)$$

式中:$\tau_0 = \sqrt{2J_2/3}$;$\sigma_0 = J_1/3$ 为平均正应力;A、B、C 为材料常数;J_1、J_2、J_3 为三个应力不变量,有

$$
\begin{aligned}
J_1 &= \sigma_{ii} \\
J_2 &= \frac{1}{2} S_{ij} S_{ij} \\
J_3 &= \frac{1}{3} S_{ij} S_{jk} S_{kl} \\
S_{ij} &= \sigma_{ij} - \frac{1}{3} \sigma_{kk} \delta_{ij}
\end{aligned}
\qquad (4-7)
$$

式中:i、j、k、l 为自由坐标,表示在取值范围(1,2,3)内逐一取值。

参数 λ 为强度极限曲面上轴径函数,即

$$\lambda = \frac{\rho_t}{\rho_c} \qquad (4-8)$$

式中:ρ_c 为单向压缩的强度极限;ρ_t 为单向拉伸的强度极限。

$$\varphi_t = \frac{f_t}{f_c}, \quad \varphi_{cc} = \frac{f_{cc}}{f_c}$$

$$(4-9)$$

$$\varphi_c^d = \frac{f_c^d}{f_c}, \quad \varphi_t^d = \frac{f_t^d}{f_c}, \quad \varphi_{cc}^d = \frac{f_{cc}^d}{f_c}$$

$$\psi_d = \psi_c^d = \psi_t^d = \psi_{cc}^d$$

$$\psi_c^d = \frac{f_c^d}{f_c}, \ \psi_t^d = \frac{f_t^d}{f_t}, \ \psi_{cc}^d = \frac{f_{cc}^d}{f_{cc}} \qquad (4-10)$$

及

$$\varphi_c^d = \psi_d \varphi_c = \psi_d, \ \varphi_t^d = \psi_d \varphi_t$$

$$\varphi_{cc}^d = \psi_d \varphi_{cc} \qquad (4-11)$$

式中：上标 d 表示动态性能参数；下标 c 表示单向压缩；cc 表示双向压缩；t 表示单向拉伸；s 表示剪切。

则可以推出：

$$\lambda = \frac{3\varphi_{cc}\varphi_t + \varphi_{cc} - \varphi_t}{2\varphi_{cc} - \varphi_t} \qquad (4-12)$$

式(4-4)中的材料参数可以通过假设关系结合试验得到：

$$A = a\psi_d$$

$$B = b\psi_d \qquad (4-13)$$

$$C = c\psi_d^2$$

式中：

$$a = \frac{\sqrt{2}}{6} \frac{\left[1 - \left(\frac{\varphi_t}{\lambda}\right)^2\right](2\varphi_{cc} - 1) - \left[\left(\frac{\varphi_{cc}}{\lambda}\right)^2 - 1\right](\varphi_t + 1)}{\left(\frac{\varphi_{cc}}{\lambda} - 1\right)(\varphi_t + 1) - \left(1 - \frac{\varphi_t}{\lambda}\right)(2\varphi_{cc} - 1)} \qquad (4-14)$$

$$b = \frac{\frac{2}{3}\left[1 - \left(\frac{\varphi_t}{\lambda}\right)^2\right] + 2\sqrt{2}\left(1 - \frac{\varphi_t}{\lambda}\right)a}{\varphi_t + 1} \qquad (4-15)$$

$$c = \left(\frac{\sqrt{2}}{3} + a\right)^2 - \frac{1}{3}b \qquad (4-16)$$

　　动态屈服准则考虑了动态受力条件下的延迟屈服性能，可以说明为什么在动载荷下，结构应力在短时间内大于材料静强度极限时仍不会被破坏。利用此特性可以构造更为接近实际情况的强度破坏条件，有利于更好发挥结构的承载特性。

4.1.2　重复冲击载荷下飞机结构设计与疲劳分析方法

动强度设计不仅需要保证结构不发生达到强度极限的破坏,也必须关注使用工况下重复冲击载荷所带来的耐久性及损伤问题。舰载飞机在执行往复多飞行批次的弹射起飞和拦阻着舰任务的过程中,弹射杆、拦阻钩、起落架和机身结构承受着瞬时高峰值的冲击载荷作用,交变载荷重复作用导致舰载飞机结构产生损伤累积及疲劳破坏现象。因此,需要将耐久性设计和损伤容限设计作为舰载飞机机体结构的主要设计准则。

耐久性要求在使用和维护期内,机体的耐久性能力应足以抵抗疲劳开裂、腐蚀、高温退化、分层和磨损及外来物损伤,使其不降低机体的使用和维护能力,且不对使用寿命、使用方法等造成有害影响。在所设定的设计使用寿命和设计使用方法下,机体结构应有足够的损伤容限能力,即在存在材料、制造及工艺缺陷及正常使用和维护引起损伤的情况下,直到定期的计划检查中查出损伤,机体的飞行安全结构和其他选定的结构应有足够的剩余强度。在设计使用载荷/环境谱作用下,按耐久性设计的结构,其耐久性使用寿命应大于设计使用寿命,且在整个设计使用寿命内,应保证机体结构具有良好的战备状态和低的使用维修费用。在设计使用载荷/环境谱作用下,按损伤容限设计的机体结构,在给定的不修理使用期内,应使未能查出的缺陷、裂纹和其他损伤的扩展造成的飞机失事概率减至最小,以保证机体结构的安全。

对于耐久性设计,应编制耐久性设计使用载荷谱,以反映飞机在设计使用分布内的严重使用情况,使90%的飞机满足预期设计使用寿命。对于损伤容限设计,应编制损伤容限设计使用载荷谱,以反映飞机在设计使用分布内的基准使用情况,从而使平均使用情况的飞机满足预期设计使用寿命。

舰载飞机在弹射与拦阻的复杂冲击载荷环境下,相应的振动寿命分析可采用时域或频域这两类不同的方法。时域疲劳寿命分析针对应力或应变响应时间历程曲线,是一种瞬态响应分析。这种方法可以考虑应力循环均值的影响,通常能得到较为准确的累积损伤分析精度,且适用于窄带和宽带随机振动疲劳问题。但对随机振动信号来说,时域分析方法需要足够长的信号时间历程记录,数据量较大,且需要较大的计算工作量。在时域分析中,交变的应力或应变称为"循环",而疲劳是交变应力或应变反复作用的结果。获得循环幅值和均值信息并与重复循环应力下所得到的疲劳寿命曲线进行对比。常用计数方法包括范围对法、雨流法和跑道法。其中雨流法被普遍认为能反映疲劳损伤机理,它基于应力-应变滞后曲线,获得对应力幅值或范围和均值的概率分布,被广泛应用。

频域疲劳寿命分析基于应力响应功率谱密度(PSD)函数,通过求解 PSD 的不同阶次惯性矩获得幅值或范围的概率分布,从而推导出疲劳损伤。目前基于功率谱密度信号的频域分析方法在结构振动疲劳分析中的应用更为普遍。由应力响应 PSD 计算疲劳损伤的方法可以分为两大类:一类是直接计算损伤,另一类是先由数字仿真(如蒙特卡罗方法)得到时域内的时间历程,然后按照时域方法计算损伤,可以称为"间接方法"。

在基于直接计算损伤方法的频域疲劳寿命估算模型中,假设随机响应应力的幅值概率密度函数为 $P(S)$,则构件发生破坏的寿命时间为

$$T = \frac{C}{E[P] \times \int_0^\infty S^m \times P(S) \times \mathrm{d}S} \tag{4-17}$$

式中:$E[P]$ 为峰值频率,为 $S - N$ 曲线的斜率参数;S 的积分区间通常取 $[0, 3\sigma]$ 或 $[\sigma_{-1}, 3\sigma]$,这里 σ_{-1} 为材料的疲劳极限,σ 为应力幅值的均方根。

综上所述,在舰载飞机起飞及着舰重复冲击载荷下,结构疲劳分析方法如下:基于结构动强度分析方法及相应的数值仿真手段,得到舰载飞机在弹射和拦阻过程中柔性体机身结构上可能存在危险点的应力应变结果;采用传统的随机振动时域疲劳分析方法,得到不同应力应变水平的幅值和均值的分布情况;或者采用基于功率谱密度的频域分析方法,结合应力应变峰值和谷值分布曲线及应力幅值的概率密度函数,然后选取对应材料适用的损伤累积准则和强度破坏准则,预估飞机在弹射与拦阻过程中受动态高峰值变载荷作用下的结构疲劳寿命。

4.2 结构动强度分析方法

进行结构动强度分析的核心是求解结构运动的微分方程,即一个常系数的二阶线性微分方程。针对这一问题,常见的求解方法可分为两大类。

第一类方法为直接积分法,使用这类方法对运动方程求解之前不需要进行坐标变换,直接进行逐步数值积分计算即可。这类方法的特点是对时域进行离散,将运动方程式分为各离散时刻的方程,然后将该时刻的加速度和速度用相邻时刻的各位移线性组合而成,从而将微分方程转化为一个由位移组成的离散时刻的响应值。对耦合的系统运动微分方程进行逐步积分求解,即由前一个或几个时间离散点上的位移、速度和加速度推测出下一个时间点上的位移、速度和加速度。因此这类方法通常也被称为"逐步积分法"。与加速度和速度用相邻时刻

的位移进行组合近似的方法不同,直接积分法可分为中心差分法、Newmark 方法等多种方法。其应用往往与动力凝聚法相结合。引入适当的位移变换矩阵,把总自由度划分成主自由度和从自由度两部分,对缩聚后的动力学运动方程进行求解,得到缩聚自由度的位移响应,再根据主、从自由度的位移表达式,变换得到离散模型全部自由度响应,从而达到减少离散的计算自由度,提高分析效率的目的。

第二类方法为(振型)模态叠加法或坐标变换法。通过在结构动力方程求解前进行模态坐标变换,将原物理空间的动力方程变换到模态空间中求解,从而实现计算规模的降阶及方程组的解耦。模态叠加法的理论基础是振动理论的模态分析。将线性定常系统的振动微分方程组中的物理坐标变为模态坐标以使方程组解耦,成为一组用模态坐标及模态参数描述的方程,以便求出系统的模态参数。在复杂非线性分析中,直接积分法易导致数值不稳定,且步长划分受限而计算效率降低。相比之下,基于模态叠加法的刚柔耦合多体系动力学方法则是更为高效的结构动强度分析手段。

多体系动力学是在经典力学的基础上产生的新学科分支,是刚体动力学、经典力学、矩阵理论、图论等多学科结合的产物。其理论应用的主要领域包括航天运载工具动力学、地面运载工具动力学、生物力学、机构学及机器人学等。处理由多刚体组成的系统,原则上可以利用传统的经典力学方法,即以牛顿-欧拉方程为代表的矢量力学方法或以拉格朗日方程为代表的分析力学方法。但随着刚体数目的增多,刚体之间的联系状况和约束方式变得极其复杂。对作为隔离体的单个刚体列写牛顿-欧拉方程时,铰约束反力的出现使未知变量的数目明显增多。因此即使直接采用牛顿-欧拉方法,也必须发展、制订出便于计算机识别刚体联系状况和约束形式的程式化方法,并致力于自动消除铰约束反力。在多刚体分析基础上进一步考虑刚柔耦合效应的柔性多体系统动力学称为“刚柔耦合系统动力学”,它是高技术、工业现代化和国防技术发展的强大应用基础,具有重要的应用价值。刚柔耦合系统动力学主要研究柔性体的变形与其大范围空间运动之间的相互作用或相互耦合,以及这种耦合所导致的动力学效应。这种耦合的相互作用是柔性多体系统动力学的本质特征,使其动力学模型不仅区别于多刚体系统动力学,也区别于结构动力学。多体系统中的“系统”是指由一组元素通过某种连接方式组成的一个具有某种功能的有机整体,其组成元素如下。

(1) 体:系统中的各个构件。

(2) 铰:各构件之间无重量的运动约束。

（3）力：系统内体之间及系统外物体所施加的力矢或力矩。

（4）拓扑结构：体与体的连接结构。

多体系动力学研究可以追溯到 20 世纪 60 年代，以图论法的引入为标志，奠定了多刚体系统拉格朗日方法的基础。到目前为止，刚柔耦合多体系动力学发展可以划分为三个阶段，其相应的代表方法如下。

（1）运动-弹性动力学建模方法。该方法不考虑构件的弹性变形对其大范围运动的影响，仅通过刚体系统动力学分析得到构件的运动状态，最后结合构件的惯性力及外力对构件进行弹性变形和强度分析。该方法的实质是将柔性多体系统动力学问题转变成多刚体系统动力学与结构动力学的简单叠加，忽略了两者的耦合。随着轻质、高速的现代机械系统不断出现，该方法的局限性日趋明显。

（2）混合坐标建模方法。该方法提出了用随动坐标系的刚体坐标与柔性体的节点坐标建立动力学模型，将构件的随动坐标固化，弹性变形按理想边界条件下的结构动力学模态进行离散以建立离散系统数学模型。混合坐标建模方法虽然考虑了构件弹性变形与大范围运动的相互影响，但对低频的大范围刚体运动和高频的柔性体变形运动之间的耦合处理得过于简单，其实质是柔性多体系统的一种零次近似耦合动力学。

（3）基于模态叠加法的刚柔耦合动力学分析方法。基于柔性体离散模型振动模态叠加研究大范围运动与弹性变形耦合下的动力学分析方法，是当前研究及应用的主流。

刚柔耦合多体系动力学利用带拉格朗日乘子的第一类拉格朗日方程处理完整或非完整的约束系统，导出以笛卡儿广义坐标为变量的动力学方程。定义绝对参考坐标系及变形体质心随动坐标系，假设柔性体变形矢量为 u，其基于模态叠加的表达关系为 $u = \boldsymbol{\Phi} a$。其中 $\boldsymbol{\Phi}$ 和 a 分别为对应的模态矢量阵及模态坐标阵。模态坐标阵中的参数数量与所选用的模态阶数相一致。基于变分形式构建的动力方程为

$$\delta v^{\mathrm{T}} (M\dot{v} + Cv + f^{\mathrm{u}} - f^{\mathrm{e}}) = 0 \qquad (4-18)$$

式中：v 和 $\dot{v}$ 分别为广义速度向量及广义加速度向量；M、C、f^{u}、f^{e} 分别为广义质量阵、广义阻尼阵、广义变形力阵及广义外力阵。通过建立邻接物体坐标系之间的相互转换关系获得其运动学递推关系，基于此推导出系统动力学方程，最终转化为对模态坐标参数的求解。

4.3 舰载飞机弹射/拦阻动强度分析建模方法

在舰载飞机弹射起飞及拦阻着舰过程中,飞机在短时间内速度急剧变化,具有载荷大、加速度大、距离短、时间短的特点,且受到航母运动、气流扰动等条件影响,属于复杂条件耦合的动力学问题。对这一过程中的结构动响应进行详细分析,建立相应的动强度数值计算及验证方法,对舰载飞机的结构设计具有重要意义。

近年来,数值计算方法及相应软件的发展为结构动力计算及动强度分析提供了多种可行手段。下面基于刚柔耦合多体系动力学方法的 Adams 动力学仿真软件,联合 CATIA、Patran、MSC Nastran、Hypermesh 等多种有限元软件,对用于弹射起飞/拦阻着舰的舰载无人机建模方法进行说明。

4.3.1 建模流程及建模环境设置

在兼顾分析准确性及高效性的基础上,联合 Adams 动力学仿真软件及多种有限元软件建立刚柔耦合模型。其基本假设为舰载飞机机身采用柔性体模型,结合起落架模型、牵制杆模型、拦阻钩模型,以及轮胎和路面模型等组成刚柔耦合多体系动力学模型,其基本流程如下:

(1)运用 Patran 划分机身网格、定义材料属性,建立有限元模型。

(2)在 Patran 中定义与 Adams 的对接参数,如输出的模态阶数、单位制、应力应变信息等。

(3)基于 MSC Nastran 进行机身自由模态计算,输出得到 Adams 支持的模态中性文件(MNF)。

(4)利用 CATIA 联合 Hypermesh 对起落架等模型进行必要简化,并在起落架各部件质心和连接位置处创建 Adams 能识别的 Marker。

(5)在 Adams 中导入机身柔性体和起落架,调整相应的位置,定义各部件的连接方式和运动副,实现刚柔耦合建模。

舰载飞机刚柔耦合模型创建流程如图 4-1 所示。

Adams 对建模环境的设置主要包括设置坐标系、设置单位系统、设置重力加速度等。Adams/View 中有笛卡儿坐标系、柱坐标系和球坐标系,可根据所建模型的特点选择,基本度量单位包括长度、质量、力、时间、角度和频率,需要根据模型特点对其单位进行设置。Adams/View 中可根据所建模型特点,设置重力

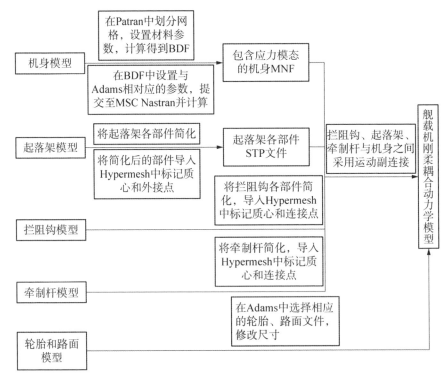

图 4-1　舰载飞机刚柔耦合模型创建流程

加速度的数值大小和方向。

几何模型创建完成后,需要添加约束,以定义构体之间的连接方式和相对运动方式。Adams/View 主要包括以下 4 种类型的约束。

(1) 理想约束,包括固定副(fixed joint)、旋转副(revolute joint)、滑移副(translational joint)、球副(spherical joint)和圆柱副(cylindrical joint)等。

(2) 虚约束,限制构件的某个运动方向。例如,约束一个构件始终平行于另一个构件运动。

(3) 运动产生器,驱动构件以某种方式运动。

(4) 接触限制,定义两构件在运动中发生接触时,相互约束的方式。

Adams/View 提供 4 种类型力:作用力、柔性连接力、特殊力(如重力)和接触力。在定义力时,需要说明选择力或力矩、力作用的构件和作用点、力的大小和方向。在输入力值的时候,Adams/View 提供了 3 种输入方法。

(1) 在软件界面直接输入数值。

(2) 输入 Adams/View 提供的函数,包括以下 4 种函数:

a. 位移、速度和加速度函数,用于建立力与运动之间的函数关系。

b. 力函数,用于建立各种不同力之间的关系。

c. 数学运算函数,如正弦、余弦、对数、指数、多项式等函数。

d. 样条函数,用于通过数据表插值的方法获得力值。

(3) 输入传递给用户自编子程序的参数。

4.3.2　机身柔性体模型

构建机身柔性体模型首先需要联合 CATIA、Patran、MSC Nastran 创建舰载飞机机身模态中性文件。其基本流程如下:在 CATIA 中创建舰载飞机几何模型,将几何模型导入 Patran 中,在 Patran 中定义各材料属性,如杨氏模量、泊松比等,并将其赋予相对应材料的部件,根据各部件的几何尺寸及计算精度要求,选择合适的网格单元对各部件进行网格划分,装配并定义自由边界约束,在与起落架、拦阻钩的连接位置处设置连接节点(INT_NODE),设置单位的转换关系、应力应变等信息,同时根据飞机振型模态计算的需要,设置合理的模态阶数进行模态计算,生成的模态 BDF 导入 MSC Nastran,得到 MNF。图 4-2 所示为舰载飞机自由振动部分振型及频率。

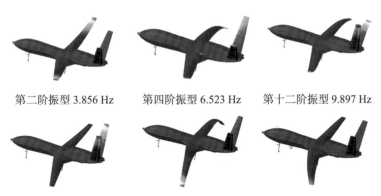

第二阶振型 3.856 Hz　　第四阶振型 6.523 Hz　　第十二阶振型 9.897 Hz

第十三阶振型 10.296 Hz　第十八阶振型 11.296 Hz　第十九阶振型 12.031 Hz

图 4-2　舰载飞机自由振动部分振型及频率

将上述获得的 MNF 导入 Adams,根据全机地面试验得到飞机各振型下的结构阻尼系数,在 Adams 中使用 FXFREQ 函数为 MNF 添加无人机各振型对应的结构阻尼系数,具体添加流程如下:

(1) 根据全机地面振动试验获得飞机各振型下的频率及结构阻尼系数,得到对应的频率与阻尼系数关系文件。

（2）将对应频率与阻尼系数关系文件导入 Adams，并创建对应的频率与阻尼系数样条曲线。

（3）为 MNF 设置阻尼比，用样条插值函数拟合对应的频率与阻尼系数样条曲线，得到机身柔性体各阶模态对应的阻尼比。

至此，舰载飞机机身柔性体模型完成，图 4-3 所示为无人机机身柔性体模型示意图。

图 4-3　无人机机身柔性体模型

4.3.3　起落架模型

飞机起落架是飞机的重要承力部件，关系着飞机的起降性能、舒适性及安全性。现代飞机起落架要求可收放，以减少飞行时的空气阻力，其基本结构形式发展为支柱式和摇臂式。

在本书中，舰载飞机建模采用支柱套筒结构形式的起落架模型。将起落架主体视作刚体处理，可不考虑对力学性能影响较小的复杂电线、油管等部件。基本建模步骤如下：在 CATIA 中做合理简化并将其导入 Hypermesh，在各部件的质心和连接位置处创建 Point 后导入 Adams，并在质心处设置相应的质量，在相邻部件连接点 Marker 处设置相应的运动副。简化起落架模型如图 4-4 所示。简化后的前起落架模型部件有内筒、外筒、上扭力臂、下扭力臂、加强杆，主起落架部件有内筒、外筒、上扭力臂和下扭力臂。装配位置中内筒活塞杆的行程决定着活塞杆和活塞杆相连的零件的位置和姿态,需要在 Adams 中进行静力平衡计算仿真,之后确定着陆前活塞杆等零件的精确姿态位置。

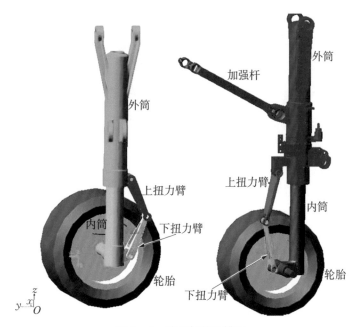

图 4 - 4　简化起落架模型

起落架的缓冲支柱类型多样,包括钢弹簧、橡皮、空气弹簧、液体弹簧及油气缓冲器。各种缓冲支柱类型的效率/质量比如图 4 - 5 所示。

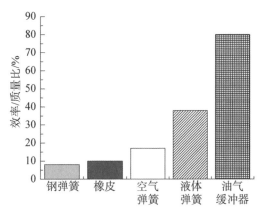

图 4 - 5　各种缓冲支柱类型的效率/质量比

对比其他类型的缓冲支柱,油气缓冲器的效率/质量比达到 80% 以上,具有极高的效率,能够最大限度地吸收下沉速度产生的动能。由于其优越的性能,现大多数飞机起落架缓冲器都采用油气缓冲器。

舰载无人机拦阻着舰时以"撞击式"着舰,起落架承受着机身与甲板之间的巨大冲击力,油气缓冲器在飞机与地面的相互作用下受到压缩,活塞杆相对外筒向上运动进入正行程,飞机垂直动能的一部分转化为空气压缩能,同时迫使主油腔中的油液经过油针与柱塞上的通油孔组成的环形主油孔进入空气腔。油腔中的油液进入空气腔时经过油孔,油孔面积很小,这对油液有很大的阻尼滞留作用,一部分动能转化成热能消耗掉。正行程结束的时候,外力和减震器的缓冲器达到平衡,活塞杆相对外筒向下伸出进入反行程,空气腔受到压缩气体的释放压缩能,推动空气腔膨胀,把油液从空气腔挤出到回油腔。当油液再次经过油孔时,同样的阻尼作用再次消耗了能量,这样多次的循环过程消耗了撞击能和振动能,保证了飞机在弹射过程中的安全性和舒适度。图 4-6 所示为起落架力学模型示意图。

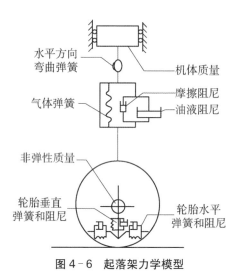

图 4-6　起落架力学模型

对油气起落架缓冲器,缓冲力可以等效为空气弹簧力和油液阻尼力。此外,考虑起落架活塞的最大压缩行程设置结构限制力,根据起落架的充填参数和几何参数可得到空气弹簧力与起落架内外筒相对行程的函数关系曲线、油液阻尼力与起落架内外筒相对速度的函数关系曲线及结构限制力函数曲线。相应的计算公式如下。

（1）空气弹簧力：空气腔压缩是一个瞬态过程，与外界没有热交换，属于绝热压缩，根据热力学方程推导得到的空气弹簧力表达式为

$$F_d = (P - P_{AMB}) A_{Air} = \left[P_{Airo} \left(\frac{V_{Airo}}{V_{Airo} - A_{Air} S} \right)^{\gamma} - P_{AMB} \right] A_{Air} \quad (4-19)$$

式中：P_{Airo} 为空气腔初始压强；P_{AMB} 为大气压强；V_{Airo} 为空气腔初始体积；A_{Air} 为活塞杆外截面面积；γ 为空气多变指数；S 为活塞行程。

（2）油液阻尼力：根据流体力学局部压力损失理论，油液阻尼力的表达式为

$$F_h = \begin{cases} \dfrac{\rho A_{FLO}^3 \dot{s}}{2 C_d^2 A_{orio}^2} |\dot{s}| + \dfrac{\rho A_s^2 (A_s - A_{orise}^3) \dot{s}}{2 C_d^2 A_{orise}^2} |\dot{s}| & \dot{s} < 0 \\[4mm] \dfrac{\rho A_{FLO}^3 \dot{s}}{2 C_d^2 A_{orio}^2} |\dot{s}| + \dfrac{\rho A_s^2 (A_s - A_{orisc}^3) \dot{s}}{2 C_d^2 A_{orisc}^2} |\dot{s}| & \dot{s} \geqslant 0 \end{cases} \quad (4-20)$$

式中：ρ 为液压油密度；$\dot{s}$ 为缓冲支柱的速度；A_{FLO} 为活塞杆内部截面面积；A_{orio} 为油孔截面积；A_{orisc} 为正行程回油腔油孔截面积；A_{orise} 为负行程回油腔油孔截面积；A_s 为油液流入回油腔腔体截面积；C_d 为油液缩流系数。

（3）结构限制力：当缓冲器的行程达到最大时即触发结构限制力，结构限制力的表达式为

$$F_n = \begin{cases} K_{strut} S & S < S_0 \\ 0 & S_0 \leqslant S < S_{max} \\ K_{strut}(S - S_{max}) & S \geqslant S_{max} \end{cases} \quad (4-21)$$

式中：S 为缓冲器行程；K_{strut} 为限制力参数。

装配位置中内筒活塞杆的行程决定了活塞杆及其他与活塞杆相连的零件的位置和姿态，在 Adams 中进行静力平衡计算仿真以后，才能确定着陆前活塞杆等零件的精确姿态位置。

在 Adams 中采用 DM 位移函数，为起落架外筒和内筒之间创建单向作用力，选择外筒的轴线顶点为矢量点 MARKER_I，内筒的轴线上一点为矢量点 MARKER_J。根据空气弹簧力-行程的关系设置单向作用力关于 DM 的函数。

速度函数 VR(To Marker, From Marker)也是运行过程函数，实时计算仿真过程中坐标系 To Marker 相对于参考坐标系 From Marker 的速度幅值。

油液阻尼力与起落架内外筒的相对速度有关，在 Adams 中采用 VR 速度函数，为起落架外筒和内筒之间创建单向作用力。根据油液阻尼力-速度关系设置

单向作用力关于 VR 的函数。

判断函数 IF(a：b，c，d)，如果 a<0，则返回 b 的值；如果 a=0，则返回 c 的值；如果 a>0，则返回 d 的值。

当起落架缓冲器的行程达到某一限定值时即触发结构限制力。一般情况下，起落架缓冲器行程不会达到这一限定值，只有在某些极端条件下才会触发结构限制力。在 Adams 中采用判断函数 IF，为起落架外筒和内筒之间创建单向作用力来体现结构限制力的作用。

根据前后起落架的实际工作模式，在 Adams 中对简化后的主起落架模型部件施加如下设置：在内筒和外筒之间定义一个滑移副；在上扭力臂和外筒之间施加旋转副；在下扭力臂和内筒之间定义旋转副；在上扭力臂和下扭力臂之间定义旋转副；在轮胎和内筒之间施加旋转副。考虑到弹射和拦阻两种工况下的前起落架装置不同，在 Adams 中分别对弹射和拦阻进行前起落架组装。对弹射环境下的前起落架进行如下设置：牵制杆使用一个旋转副与外筒相连；将牵制杆通过旋转副定义在上下扭力臂连接处；其余内外筒、上下扭力臂和轮胎之间的设置与主起落架保持一致。对拦阻环境下的前起落架进行如下设置：使用旋转副将加强杆与外筒连接；其余设置与主起落架保持一致。

组装好的弹射与拦阻两种仿真环境下的起落架装配示意图如图 4-7 所示。

(a) 弹射环境　　　　　　　　　　　　　　(b) 拦阻环境

图 4-7　前后起落架装配示意图

4.3.4　拦阻钩模型

舰载飞机顺利拦阻着舰的关键在于拦阻钩能够成功钩住拦阻索。舰载飞机拦阻着舰时，根据航母上的信号指示沿着一定的下滑角下滑进场。舰载飞机在下滑接近甲板时，拦阻钩已在最下方位置处打开并等待挂索。拦阻钩在挂索时存在两种可能，一种是舰载飞机拦阻钩在上索之前，拦阻钩已触碰甲板。由于舰载飞机有很大的下沉速度，拦阻钩触碰甲板后存在一定的反弹，反弹高度过高将导致拦阻钩上索失败。因此，需要考虑拦阻钩的纵向缓冲作用。另一种可能是舰载飞机下降到挂索的高度,拦阻钩即上索成功。

　　根据舰载无人机的拦阻钩模型特点,把其作为刚体处理,在 CATIA 中进行合理简化并将其导入 Hypermesh 中,在各部件的质心处和连接处创建 Point 并导入 Adams。在质心 Point 上创建质心 Marker 并添加质量,在各部件连接点 Point 上创建 Marker 并设置相应的连接运动副,对拦阻钩装置简化之后施加如下运动副:考虑到上下作动筒之间的弹簧力和阻尼力,在上下作动筒质心连线上施加滑移副;下作动筒和拦阻杆用旋转副连接;在连接耳片与拦阻杆之间定义固定副。装配好的拦阻钩模型如图 4-8 所示。

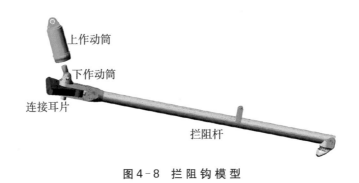

图 4-8　拦阻钩模型

　　舰载无人机拦阻着舰时拦阻钩碰撞甲板的弹跳关系到挂索的成败,拦阻钩纵向缓冲器在其中起到重要作用。拦阻钩纵向缓冲器采用油气缓冲方式,其力学模型如图 4-9 所示。与起落架缓冲力等效方法一致,纵向缓冲力等效为空气弹簧力和油液阻尼力,其数值由缓冲器初始充填参数确定。

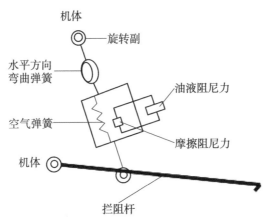

图 4-9　拦阻钩纵向缓冲力学模型

4.3.5　牵制杆和弹射杆模型

舰载飞机弹射起飞借助弹射杆与牵制杆的协同作用,其过程是弹射杆上的航向牵引力快速增加,达到目标牵制载荷,牵制杆上的张力销断开,然后飞机脱离牵制杆约束,开始加速滑跑,加速至起飞速度后飞离甲板。在建模中,把弹射杆与牵制杆均作为刚体处理,其三维数模在 CATIA 和 Hypermesh 里进行合理简化,并在各部件的质心处和连接处创建 Adams 能识别的 Point,以便在模型导入 Adams 后在相应位置处创建必要的 Marker,以此来定义各部件质心位置和它们之间连接的运动副,并在 Adams 中定义各部件的质量,简化后的弹射杆和牵制杆模型如图 4-10 及图 4-11 所示,装配在前起落架上的弹射杆和牵制杆如图 4-12 所示。

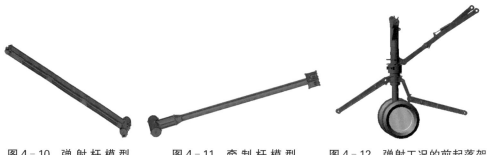

图 4-10　弹射杆模型　　　图 4-11　牵制杆模型　　　图 4-12　弹射工况的前起落架

设置牵制杆最大约束力 F_s,当弹射张紧过程中产生的牵制杆内力 F_T 大于 F_s 时,令 F_T 为 0,达到牵制杆断开的效果。

Adams 软件中的传感器(sensor)可以感知系统运行到某一阶段的状态,这种状态可以是系统模型元素之间的函数,也可以是时间的函数,例如两个 Marker 之间的位置、速度、加速度等。当传感器感知到状态已经发生时,可以让系统采用一定的动作,从而改变系统的运行方向,使系统采用另外一种方式继续进行仿真计算。利用传感器可以在仿真过程中激发以下动作:

(1) 当传感器检测到某事件发生时,结束仿真。

(2) 改变求解器步长,以防止发散。

(3) 改变模型结构。

可以通过创建函数来定义传感器检测的事件,这些函数可以是位移、速度、加速度或者力,也可以是用户定义的变量,还可以是仿真时间。

舰载飞机弹射起飞过程中,当牵制杆达到释放载荷时,牵制杆脱离舰载飞机,从而使舰载飞机被弹射出去。为了模拟这一过程,需要创建一个传感器,用来感知牵制杆中约束内力的大小,当牵制杆拉力达到预设释放载荷时,让牵制杆与前起落架扭力臂连接的固定约束失效,达到释放舰载飞机并使其弹射出去的目标。

4.3.6　轮胎和甲板模型

在舰载无人机的弹射和拦阻过程中,轮胎传递着甲板和舰载无人机之间的弹射支反力和拦阻冲击力。合理的轮胎和路面设置可以提高舰载无人机的弹射和拦阻模拟的结果的准确性。在本书中轮胎及地面材料参数的设置参照材料试验结果,选取 Adams/View 模块中自带的轮胎和路面文件进行相关修改,达到舰载无人机轮胎和甲板的实际参数,在 Adams 中创建轮胎和路面的对话框,如图 4-13 和图 4-14 所示。

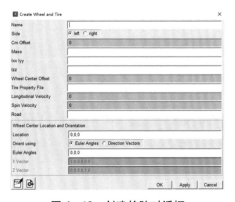

图 4-13　创建轮胎对话框

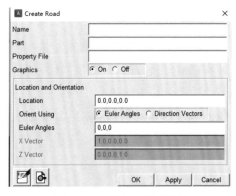

图 4-14　创建路面对话框

在分析过程中,轮胎与地面、拦阻钩与地面之间存在接触及碰撞,在 Adams 中可采用基于碰撞函数的接触算法 Impact 函数计算接触力。其中接触参数包括 Stiffness 指定的材料刚度,Force Exponent 用于计算瞬时法向力中材料刚度项贡献值的指数,Damping 定义的接触材料的阻尼属性,Penetration Depth 定义的全阻尼时的穿透值。

在前后起落架内筒与轮胎连接处的 Marker 上创建所需要的轮胎和路面模型,修改好轮胎半径和旋转方向,得到如图 4-15 所示的轮胎和路面模型。

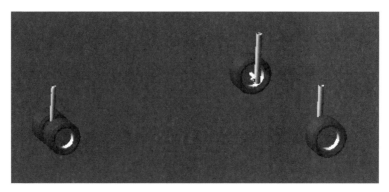

图 4 - 15　轮胎和路面模型

4.4　小结

　　本章围绕舰载无人机结构动强度设计与分析的理论基础及建模方法进行介绍;简要说明了舰载无人机结构动强度的设计准则及判据,针对舰载无人机起飞及着舰对应的重复冲击载荷工况,讨论了重复冲击载荷下舰载无人机的结构设计与疲劳分析方法;针对结构动强度分析关键的微分方程求解方法,尤其对多体系动力学分析方法进行了阐释;重点介绍了联合 Adams 动力仿真软件及多种有限元软件对弹射起飞及拦阻着舰工况下舰载无人机建模的方法,为之后章节的仿真分析奠定了基础。

第5章 舰载无人机弹射起飞工况地面验证试验

舰载飞机在有限尺寸的甲板上快速、安全起飞的技术是保证航母战斗力的关键技术之一。弹射起飞是舰载飞机的主流技术,在世界各国的海军航母上广泛应用。弹射瞬间,舰载飞机承受牵制载荷卸载、弹射载荷加载的冲击作用,机体结构表现出较强的动态载荷冲击响应。弹射滑跑过程中,舰载飞机承受航向弹射载荷,机体结构出现较大的惯性载荷。相比陆基起飞,舰载弹射起飞具有距离短、载荷大、过载高等特点,航向过载远大于陆基飞机。因而,对舰载飞机机体结构,特别是前起落架及前机身相关结构,在进行结构设计、强度分析和试验验证时必须考虑弹射起飞工况下的结构动态响应。在舰载飞机进行整机试验和服役前,有必要针对弹射工况进行地面验证试验,验证机体结构承受瞬态大过载冲击的能力,确保舰载飞机弹射起飞的安全。

5.1 弹射起飞工况地面验证试验研究现状

20世纪20年代,美国开始在战列舰和巡洋舰上进行水上侦察机弹射起飞,并在第二次世界大战中广泛应用,积累了丰富的弹射起飞经验,推动了弹射起飞技术的不断进步。据美国海军统计,在太平洋战争中舰载飞机弹射起飞的架次约占总起飞数的40%。舰载飞机弹射起飞技术的大量应用,试验数据和经验的不断积累,促使美国的弹射起飞技术最终走向成熟。美国军用规范基于大量的实际弹射经验和弹射起飞实测数据,详细阐述了舰载飞机前起落架弹射系统和牵制装置的设计原则和要求,说明了弹射起飞、拦阻着舰、地面机动、地面操纵及各种附加载荷的取值方法,以满足对舰载飞机强度和刚度的要求。21世纪以来,美国先后进行了F-35战斗机、X-47B无人机等机种的陆基和舰基弹射起飞试验(见图 5-1)。通过信息检索和资料收集发现,仅能见到舰载飞机开展整机弹射起飞的验证试验,没有发现针对机体结构进行地面验证试验研究的相关报道。

(a) 2010 年,美国 F-35 战斗机首次地面电磁弹射起飞试验

(b) 2013 年,美国 X-47B 无人机首次航母弹射起飞试验

图 5-1   美国陆基和舰基弹射起飞试验

我国对舰载飞机的研究起步于 20 世纪 90 年代。一方面,针对弹射起飞参数及其系统控制,采用理论计算或模拟分析方法,得到弹射起飞的控制参数、临界速度及舰艇大气等环境的影响规律,为舰载飞机弹射起飞参数控制和舰载飞机匹配奠定了良好基础。另一方面,国内研究主要集中在弹射载荷下起落架的抗冲击强度评估方面,缺乏对机体结构抗冲击性能的研究,没有形成完善的地面试验验证能力和技术。同时,由于我国的舰载飞机弹射起飞技术起步较晚,因此真实机型或机体结构的弹射起飞实测数据十分匮乏。这些客观情况给我国舰载飞机结构设计带来了很大困难。

为保证弹射起飞工况下舰载飞机机体结构的安全,本章针对弹射起飞工况下舰载飞机的载荷特征,开展了舰载飞机机体结构静强度和动强度试验方案和试验平台设计,确定了地面验证试验的基本原理、试验方案和相关验证技术,结合典型舰载无人机弹射工况的静态冲击验证试验和数值模拟结果,验证第 4 章提出的舰载飞机弹射起飞过程动强度分析方法的准确性,对舰载飞机机体结构地面试验验证具有指导意义。

5.2　舰载飞机弹射起飞过程受力特性

舰载飞机弹射起飞过程历经张紧牵制、牵制释放、弹射滑跑、自由滑跑和离舰起飞等多个阶段。在弹射起飞的不同阶段,舰载飞机的受力和运动特性存在一定差异。舰载飞机的受力特性和结构特征是地面验证试验的输入和控制条件。本节介绍了舰载飞机弹射起飞过程的受力分析,明确了机体结构的主传力路径,讨论了机体结构的载荷分布特征。

5.2.1　弹射起飞过程受力分析

1）舰载飞机受力状态与平衡方程

在弹射起飞过程中,机体结构受到的作用力主要有舰载飞机重力、发动机推力、弹射力、牵制力、舰面支持力、气动升力和阻力等,其受力如图 5-2 所示。

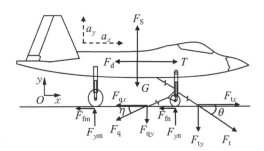

图 5-2　舰载飞机弹射起飞阶段的受力示意图

在舰载飞机弹射起飞过程中,根据达朗贝尔原理,考虑惯性力的作用,舰载飞机在航向和垂向处于平衡状态,分别列出其平衡方程。

舰载飞机航向的受力方程为

$$T + F_{tx} - F_{qx} - F_f - F_d = ma_x \tag{5-1}$$

$$F_{tx} = F_t \cos\theta \tag{5-2}$$

$$F_{qx} = F_q \cos \eta \qquad (5-3)$$

$$F_f = F_{fn} + F_{fm} \qquad (5-4)$$

$$F_d = \frac{\rho v_x^2 S C_d}{2} \qquad (5-5)$$

式中：T 为舰载飞机发动机推力；F_t、F_{tx} 分别为弹射系统的弹射力及其在航向上的分力；F_q、F_{qx} 分别为牵制系统的牵制力及其在航向上的分力；F_f 为舰载飞机在地面滑跑时所受到的摩擦阻力，等于机轮摩擦阻力之和；F_d 为气动阻力；a_x 为舰载飞机水平加速度。

舰载飞机垂向的受力方程为

$$F_y + F_S - G - F_{ty} - F_{qy} = m a_y \qquad (5-6)$$

$$F_y = F_{yn} + F_{ym} \qquad (5-7)$$

$$F_{ty} = F_t \sin \theta \qquad (5-8)$$

$$F_{qy} = F_q \sin \eta \qquad (5-9)$$

式中：F_y 为地面对舰载飞机的支持力，等于机轮支持力之和；F_S 为舰载飞机的气动升力；G 为舰载飞机的重力；F_{ty} 为弹射系统的弹射力在垂向上的分力；F_{qy} 为牵制系统的牵制力在垂向上的分力；a_y 为舰载飞机的垂向加速度。

2) 不同阶段作用力的特点

在弹射起飞的不同阶段，舰载飞机的受力特征存在一定差异。在张紧牵制阶段，舰载飞机承受的牵制载荷达到最大值，并在弹射载荷、发动机载荷和轮心载荷的共同作用下处在力学平衡状态。在牵制释放阶段，张力销被拉断，牵制载荷迅速下降为零，发动机载荷、弹射载荷、轮心载荷不变，机身结构瞬时不再平衡，获得加速度，产生较大的冲击动响应。在弹射滑跑阶段，舰载飞机在弹射载荷作用下，整体以 $4g \sim 5g$ 的加速度高速滑跑。在自由滑跑阶段，弹射载荷撤除后，舰载飞机在自身发动机推力的作用下滑跑，最终达到起飞速度，离舰起飞。

3) 三种严重载荷工况

考察弹射起飞不同阶段的受力特点，可知舰载飞机在弹射起飞过程中存在三种严重载荷工况，即最大牵制力工况、弹射冲击工况和最大弹射力工况。最大牵制力工况发生在张力销剪断前，舰载飞机处在静止状态的时刻，但承受最大的牵制载荷和相应的弹射载荷与机轮载荷，是舰载飞机地面验证试验考核的基本工况之一。弹射冲击工况发生在张力销剪断瞬间，因牵制载荷突然卸载，在弹射载荷、机轮载荷及发动机载荷作用下,前起落架发生突伸和弹跳,使得机身,尤其机身前段结构产生较大的动力学响应,是地面验证试验较难实现的工况。最大弹射力工况发生在弹射滑跑阶段,弹射载荷达到峰值,并牵引舰载飞机在预定轨道上滑跑,是舰载飞机地面验证试验考核的基本工况之一。

5.2.2　机体结构主传力路径

在舰载飞机弹射起飞的多个阶段中,以牵制释放和弹射滑跑阶段对机体的作用最为严酷。文献[11]对舰载飞机的前起落架拖曳弹射进行了全方位的试验研究,试验中采用 TC-7 蒸汽弹射器提供弹射力,对 E-2A 和 XAJ-1 两种机型进行了地面弹射试验,得到的弹射起飞过程中的弹射载荷时程曲线如图 5-3(a)所示。文献[12]以某无人机为研究对象,建立了包含弹射滑车质量的弹射动力学模型,开展了弹射拖曳过程的动态响应分析,得到的弹射载荷的时程曲线如图 5-3(b)所示。由图 5-3 可以看出,无论舰载飞机的体量大小,在弹射过程中弹射杆载荷均具有一定的波动,在牵制杆释放时波动表现得更加明显,随着弹射滑跑进行,载荷波动明显减弱。

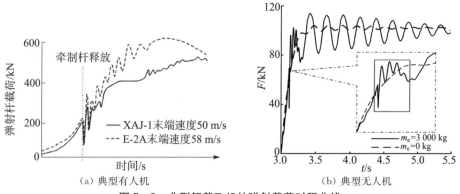

图 5-3　典型舰载飞机的弹射载荷时程曲线

采用前起落架实现弹射起飞的舰载飞机,弹射载荷通过弹射杆施加于前起落架,通过前起落架主支柱和阻力撑杆传递到前机身及中机身,并与全机惯性载荷和发动机推力等处于动态平衡状态。在弹射过程中,舰载飞机的惯性载荷主要集中在机翼、中机身(包括油箱)和后机身上,这与全机的质量分布是一致的。在弹射载荷和惯性载荷相互平衡时,前、中机身成为弹射起飞时舰载飞机的主传力结构,如图 5-4 所示。

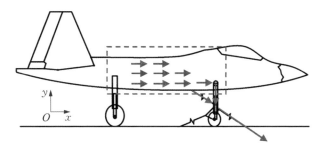

图 5-4　舰载飞机弹射起飞主传力结构示意图

5.2.3　机体结构载荷分布

　　在弹射起飞时,可将舰载飞机的惯性载荷按照全机质量分布,划分为机身前段、中段和后段惯性载荷,机翼惯性载荷等,惯性载荷分布如图 5-5 所示。在弹射起飞过程中,机体主传力结构承受的航向载荷还包括弹射杆传递的弹射载荷和发动机推力载荷。在航向上,舰载飞机在这些载荷作用下处于整体平衡状态,沿舰载飞机机身长度方向,各剖面的航向合力如图 5-6 所示。由图 5-6 可知,沿机身长度方向,由于惯性载荷的分布特性,舰载飞机各剖面的航向合力存在较

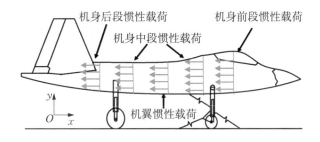

图 5-5　弹射起飞舰载飞机的惯性载荷分布示意图

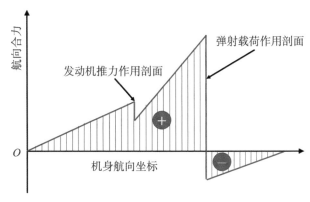

图 5-6　弹射起飞舰载飞机各剖面的航向合力分布示意图

大变化,位于前起落架之前的机身前段受到压缩载荷作用,位于前起落架之后的机身中段和后段受到拉伸载荷作用。

5.3　弹射起飞工况地面验证试验原理和方法

舰载飞机弹射起飞时,机体结构历经加卸载冲击、短时大过载的复杂过程,对机身结构完整性的要求很高。在设计初期,由于缺乏弹射起飞试验研究和试飞研究数据,可通过合理、有效的试验技术手段,初步验证结构设计理念和方案的可行性。尽管不能完整检验舰载飞机弹射起飞的整个受力过程,但弹射起飞地面验证试验仍然是满足验证要求、技术成熟、合理高效的技术手段。地面验证试验通过选取弹射起飞关键机体结构,在合理的端面支持状态下,对起落架相关载荷点施加弹射载荷、牵制载荷和轮心载荷,研究并验证机体结构设计的合理性。同时,通过多通道协调加载和张力销定载释放等技术手段模拟载荷冲击条件,得到机体结构在弹射载荷冲击作用下的动态响应和加速度传播特性,验证关键连接部位的可靠性,为关键机体结构设计提供技术支撑。目前,舰载飞机机体结构弹射起飞地面验证试验方法可分为三种,即静力试验方法、静态冲击试验方法和动态冲击试验方法。

5.3.1　静力试验方法

静力试验方法是飞机结构试验的传统方法,是验证飞行器结构强度和分析方法正确性的重要手段,广泛应用于各类、各型飞机的试验验证,技术成熟度高,有效性和可靠性高。静力试验通过作动筒、杠杆、胶布带等加载系统,对机身结构施加集中或分布的静态载荷,以得到机体结构或构件的应力、变形分布情况,验证机身结构的承载能力和变形特性,确定结构设计和分析方法的可行性。

1) 试验原理

采用静力试验方法,验证舰载飞机弹射起飞中的结构完整性,即采用以静代动的方案,选取弹射起飞过程中的最大牵制载荷、弹射冲击载荷和最大弹射载荷等多种危险工况,按照标准规范和弹射起飞冲击设计输入条件要求,通过数值仿真、相关试验数据,计算得到机体结构可能承受的最大弹射过载,通过静态加载的方式施加到机体结构或起落架等部件上,研究机体结构的变形、应变和应力的分布特征和变化趋势,了解机体结构的受力特征、传力路径和设计薄弱点,为机体结构设计、验证和改型提供试验依据。静力试验原理如图 5-7 所示。

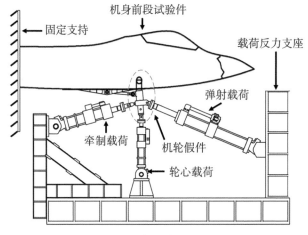

图 5-7　静力试验原理图

静力试验方法可用于考察舰载飞机关键结构的强度、刚度和可靠性,但无法反映真实结构的惯性载荷分布,无法确定舰载飞机弹射起飞的动态冲击响应。同时,静力试验对机体固定端等局部结构的考察过于严格,使得结构设计过于保守,不利于舰载飞机重量控制。

2) 试验方法

试验件支持/约束方法如下:将舰载飞机机体结构验证件的非考察段固定于承力墙上,并确保试验件处于水平状态。一般来说,非考察段应通过强度和刚度计算,确保试验的安全性和可靠性。

载荷施加方法如下:通过作动筒施加弹射载荷、牵制载荷和轮心载荷。弹射载荷作动筒连接在弹射杆接头处,沿弹射杆方向施加载荷;牵制载荷作动筒连接在牵制杆接头处,沿牵制杆方向施加载荷;轮心载荷作动筒连接在机轮轴上,沿竖直方向施加载荷。

应变、变形测量方法如下:采用数值模拟方法,确定试验条件下机身结构的应变和变形特征,筛选出机体结构沿航向的典型响应部位,并在这些部位布置应变测量点和位移测量点。试验中,采用逐级加载、分级测量的方法得到机体结构的应变分布和变形规律。

5.3.2　静态冲击试验方法

静态冲击试验是在机体结构或构件处在静态时,在结构上施加弹射载荷、牵制载荷和机轮载荷,并保持机体结构处在力学平衡状态。通过剪断张力销等手段瞬间释放牵制载荷,机体结构在弹射载荷作用下产生冲击响应并发生总体变形。同时,采用加速度传感器、应变片、激光位移传感器和动态数据采集系统记录冲击过程中的加速度、应变和变形数据,以此研究机体结构的动态响应和衰减特征。

　　1）试验原理

　　静态冲击试验方法以前机身和前起落架等弹射关键部位为考察对象,在固定支持条件下,通过合理设计的加载和测试系统,在不同的载荷工况下,实现弹射起飞的地面冲击模拟和验证,得到机体结构的动态响应特征及其衰减规律。在静态冲击试验中,试验件可采取固定约束状态,从而在难度和成本可控的条件下,实现稳定、可靠的试验支持。静态冲击试验必须通过合理的加载体系,一方面通过定载释放等技术实现牵制载荷突卸的要求,另一方面采取机轮载荷被动施加的方法,以减弱加载装置对机身自由度的影响,获取接近真实状态的机身结构动态响应结果。静态冲击试验原理如图 5-8 所示。

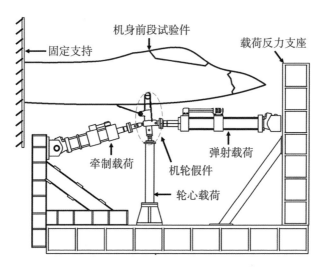

图 5-8　静态冲击试验原理图

　　静态冲击试验虽然仅实现了弹射冲击载荷的动态模拟问题,但针对机体结构或部件,采用真实弹射载荷进行试验,得到了机体载荷输入与结构响应之间的规律和联系,减小了静态载荷试验过程中载荷转化及传递带来的误差,为舰载飞机的设计验证提供了试验依据和技术支撑。

　　2）试验方法

　　试验件支持/约束方法如下:静态冲击试验与静力试验中的约束方式一样,选取固定约束形式。将舰载飞机机体结构验证件的非考察段固定于承力墙上,并确保试验件处于水平状态。一般来说,非考察段要通过静力和动态冲击两种数值模拟计算,以保证非考察段的强度和刚度满足试验要求,确保试验的安全性和可靠性。

弹射载荷施加方法如下:将作动筒连接在弹射杆接头处,沿弹射杆方向施加载荷。试验过程中,采用连续快速加载方式,以实现对机体结构的快速加载冲击。此外,弹射载荷还可采取储能或惯性系统牵引的方式进行加载。

牵制载荷施加方法如下:将作动筒连接在牵制杆接头处,沿牵制杆方向施加载荷。为了模拟牵制载荷突然卸载的要求,采用张力销剪断、可重复使用牵制杆和爆破装置等技术手段实现牵制载荷的突然卸载。

应变、变形和航向加速度测量方法如下:采用数值模拟方法,确定试验条件下机身结构的应变、变形和加速度响应特征,筛选出机体结构沿航向的典型响应部位,并在这些部位布置应变、位移和加速度测量点。沿机身航向多点布置测量竖直方向变形的位移传感器,沿机身航向多点布置测量航向过载的加速度传感器,采用高速动态采集设备实现对冲击载荷加载与应变、变形和加速度的测量,进而考察机体结构强度、刚度和过载传递规律。

5.3.3 动态冲击试验方法

动态冲击试验方法即在机体结构或构件处在运动条件下时,模拟牵制载荷突然卸载、弹射载荷突然加载的受力状态,实现机体结构动态冲击和加速运动的过程,采集并记录机体结构的应变及加速度响应过程和分布规律,研究机体结构的动态响应、传递路径和衰减特征。

1)试验原理

动态冲击试验以前机身和前起落架等弹射关键部位为研究对象,并增加机翼、发动机等结构配重。通过合理的支持系统和加载系统,在试验件自由运动的状态下,实现弹射起飞的地面冲击模拟和验证,并模拟舰载飞机弹射起飞的运动特性,得到机体结构的动态响应特征及其衰减规律。动态冲击试验原理如图5-9所示。

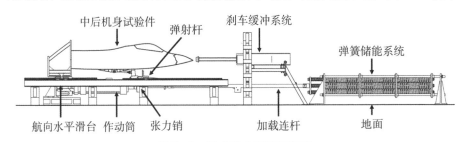

图5-9 动态冲击试验原理图

动态冲击试验不仅实现了弹射冲击载荷的动态模拟,而且模拟了舰载飞机的运动状态,得到的结构动态响应和衰减规律更加接近真实情况,可为舰载飞机结构设计提供更加准确、可靠的试验支撑。

2) 试验方法

试验件支持/约束方法如下:试验件通过水平滑块安装在航向水平滑台的滑轨上,确保舰载飞机可以沿航向自由运动。水平滑块应带有直线轴承,安装位置可根据试验件结构布局,布置在前起落架和机身框等位置。水平滑台长度应满足舰载飞机弹射释放后可加速运动 0.5 s 的要求。

弹射载荷施加方法如下:弹射载荷可由弹簧储能系统、液压储能系统等提供。以弹簧储能系统为例,可通过设计确定弹簧的连接形式(串联、并联或串并混联)和数量,确保弹簧恢复力大于最大弹射载荷。在连接关系上,弹簧储能系统一方面通过弹射杆与机身结构验证件连接,另一方面与作动筒连接。在加载时,作动筒预先拉伸弹簧储能系统和机身结构验证件,达到预定载荷时,通过定载释放装置断开作动筒与弹簧储能系统的连接。在弹簧恢复力的冲击和牵引下,机身结构验证件产生动态响应,并沿水平滑台加速运动。

机体结构减速方法如下:为了使舰载飞机运动缓慢停止,需要设计满足摩擦力和耗能要求的刹车阻尼系统。在运动尾端,机身前段与刹车阻尼系统接触,通过刹车力缓慢使机体结构试验件停止运动。

应变、航向加速度测量方法如下:采用数值模拟方法,确定试验条件下机身结构的应变和加速度响应特征,筛选出机体结构沿航向的典型响应部位,并在这些部位布置应变、位移和加速度测量点。沿机身航向多点布置测量航向过载的加速度传感器;采用高速动态采集设备实现对冲击载荷、应变和加速度的测量,进而考察机体结构强度、刚度和过载传递规律。

本节介绍了三种弹射起飞工况地面验证试验方法,从状态符合性和试验难度等方面对比,三种试验方法具有不同的适用性。动态冲击试验与舰载飞机弹射冲击的真实条件最为接近,具有最高的真实性和可靠性,但也存在诸多不利因素,例如试验涉及因素较多、冲击载荷大、风险和成本较高。静力试验与舰载飞机弹射冲击的真实条件相差最大,仅能够确定载荷的传递路线和静强度要求,无法确定弹射起飞的动态冲击响应,且考察过于严格,但试验风险和成本较低。静态冲击试验的特性介于两者之间,虽然试验条件与弹射冲击的真实条件存在一定偏差,但能在一定程度上反应弹射载荷的动态冲击效应,试验难度和造价适中,可应用在舰载飞机预研阶段,既能准确反映弹射冲击载荷的动力学特性,又减少了其他因素的影响,风险可控,成本较低,故可作为舰载飞机预研阶段的主要试验验证方法。

5.4　典型弹射起飞工况地面验证试验方案

舰载飞机弹射起飞工况地面验证试验因受试验条件和成本限制,不易复现弹射起飞的完整过程,故需要从试验件、支持工装和夹具、加载和测试等方面进行适当控制,才能保证地面验证试验顺利进行。本节重点从试验件、试验件支持与加载、试验测试等方面,详细论述三种弹射起飞工况地面验证试验的方案。

5.4.1　静力试验方案

静力试验通过作动筒、杠杆、胶布带等加载系统,对处于静态的机身结构施加集中或分布的静态载荷,借以研究机体结构或构件的应力、变形分布情况,检验机身结构的承载能力和变形特性,检验结构分析方法和设计技术的可行性。

1)试验件

为控制试验规模,降低试验风险和成本,可按照弹射载荷的主传力路径来选取和设计静力试验件。以前起落架弹射牵引起飞为例,一般选取机身前段及前起落架作为重点考察部位,以考察重要结构件的强度和刚度特性。为满足试验件支持要求,应将机身中段作为过渡段和支持段,并根据需要进行加强设计。典型无人机弹射起飞静力试验件由机身前段和前起落架等部分组成,如图5-10所示。机身前段包含主承力结构的两个壁板梁、多个框段及机身下蒙皮,是弹射起飞工况下机体结构的主传力路径。前起落架包含前支柱外筒、前支柱斜撑杆及牵制弹射连接

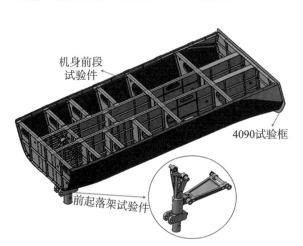

机身前段试验件

4090试验框

前起落架试验件

图 5-10　典型无人机弹射起飞静力试验件

节点,通过前起落架实现弹射载荷、牵制载荷及轮心载荷的施加。

2) 试验件支持与加载

静力试验件以机身中段某加强框作为固定支持端。通过 3 个作动筒分别施加弹射载荷、牵制载荷和轮心载荷。按照静力试验的标准方案和程序,通过逐级加载的方法开展弹射载荷的静力验证试验。载荷施加方法如下:弹射载荷在弹射杆接头处通过作动筒沿弹射杆方向施加;牵制载荷在牵制杆接头处通过作动筒沿牵制杆方向施加;轮心载荷在机轮轴处通过作动筒加载。静力试验件支持与加载方案如图 5 - 11 所示。

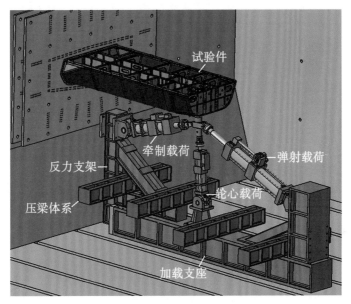

图 5 - 11　静力试验件支持与加载方案

3) 试验测试

通过数值模拟仿真,获得典型无人机弹射起飞验证试验件在弹射载荷下的变形规律和应力应变分布。根据数值模拟结果,确定主传力部件和相应框段上的应变测量点分布。应变测量点分布应反映弹射载荷的传力特性,以便检验结构的强度是否满足弹射起飞要求。应变测量点分布如图 5 - 12 所示。对于变形测量,采用间隔均匀的布局方式,沿机身航向在各框段布置 36 个位移传感器,以反映机身前段及主传力部件的刚度特性。位移测量点分布如图 5 - 13 所示。

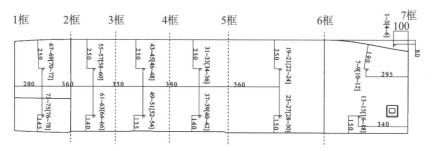

图 5‑12　典型无人机静力试验件蒙皮应变测量点分布图

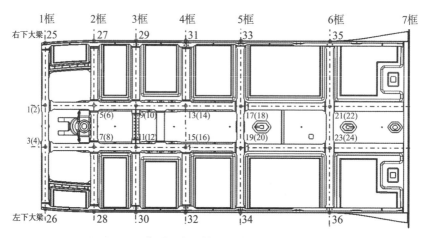

图 5‑13　典型无人机静力试验位移测量点分布图

5.4.2　静态冲击试验方案

静态冲击试验以机身前段和前起落架等弹射关键部位作为试验件,在试验件固定支持条件下,通过设计合理的支持和加载系统,实现弹射起飞的地面冲击模拟和验证,研究牵制杆断开瞬间产生的动态冲击响应,得到机体结构的动态响应和衰减特性。

1）试验件

为了考察重要结构件的强度和刚度特性,研究弹射释放冲击动态响应规律,用于静态冲击地面验证的试验件应涵盖弹射释放冲击动态响应主要区域,并按照弹射载荷的主传力路径确定,一般包括机身前段和前起落架等重点考察部位。典型静态冲击试验件与静力试验件相同,如图 5‑10 所示。

2）试验件支持与加载

舰载飞机弹射起飞静态冲击试验将试验件后段某端框作为支持端,固定于承力墙上。通过局部加强、翻边设计、设置连接件和转接盒段等技术措施,使试验件过渡段能够满足静态冲击试验的强度和刚度要求。虽然固定支持方式与弹射起飞时的自由状态存在一定差异,但从张力销剪断至冲击波到达承力墙之间的短暂时段,约束对主要考察段动态响应结果影响较小,机体动态响应接近真实情况。在此时段后,由于冲击波在承力墙端的反射作用,试验件的动态响应幅值减小,试验结果存在较大的失真。试验件支持与加载方案如图 5-14 所示。

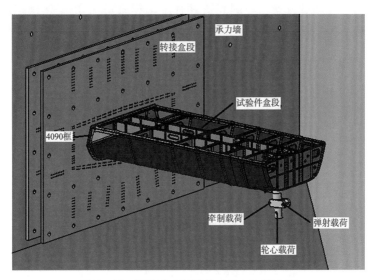

图 5-14　静态冲击试验件支持与加载方案

　　试验前,可采用有限元分析方法,对试验件固支端的连接夹具按照 120% 限制载荷进行计算分析,校核连接夹具的强度和刚度,确保连接夹具具有足够的安全裕度。有限元分析模型和仿真结果如图 5-15 所示。从图 5-15 可以看出,试验件固支端局部区域出现了较为严重的应力集中,应作为强度校核的重点关注区域。

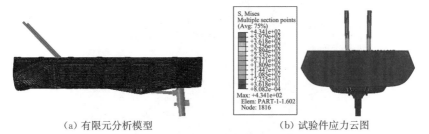

（a）有限元分析模型　　　　　　　　（b）试验件应力云图

图 5-15　试验连接夹具强度分析

静态冲击地面验证试验需要施加弹射载荷、牵制载荷和轮心载荷。三种载荷的时间历程曲线如图 5-16 所示。为了满足试验加载和系统控制要求,弹射载荷和牵制载荷采用作动筒主动加载形式。为了减少加载系统对试验件的过度约束,轮心载荷采用被动加载方式。直接冲击加载方案如图 5-17 所示。为了减小加载系统对试验件的限制和约束,得到试验件的冲击动态响应特性,我们调整了弹射载荷和轮心载荷的施加方式。弹射载荷由带角度加载更改为水平方向加载,以减小竖向分力对机身自由度的约束。轮心载荷则采用移除作动筒,固定反力支座的被动加载方式。牵制载荷具有定载释放要求,即在达到预定的载荷时突然卸载。为了达到这种效果,在起落架与牵制载荷作动筒之间安装了张力

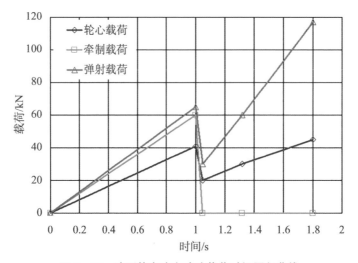

图 5-16 地面静态冲击试验载荷时间历程曲线

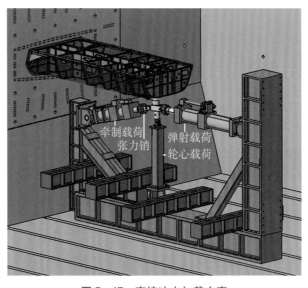

图 5-17 直接冲击加载方案

销及其连接结构。通过张力销的承载能力设计,使其在预定的载荷下发生断裂,从而达到定载释放的效果,其加载及连接如图 5-18 所示。

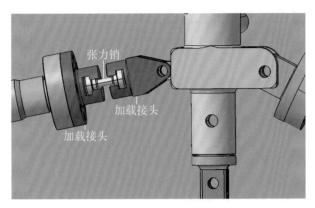

图 5-18　张力销加载及连接示意图

3) 试验测试

试验测试系统包括位移、应变和加速度等信号的布置和采集,用于得到弹射冲击过程中机体结构的动态变形、应变和加速度等参数的分布及其衰减规律,以支撑舰载飞机结构设计。由于牵制释放载荷的作用时间仅有 $3\sim4\,\mathrm{ms}$,故测试系统的采样频率要与结构动态响应速度一致,动态变形、应变和加速度的采样频率不得低于 $10\,\mathrm{kHz}$。采样频率越高,单位时间内得到的数据越多,对设备采集、传输和存储数据的性能要求越高。在当前技术水平下,静态冲击试验可采取相对较少的变形、应变和加速度测量点,但应涵盖机体结构验证件的主传力路径,并反映结构的冲击动响应特征。典型无人机静态冲击试验件的加速度传感器沿着主传力路径布置,依次经过前起落架、左右侧壁板,从机身前段延续至机身中段。加速度测试方案如图 5-19 所示,激光位移测试方案如图 5-20 所示。

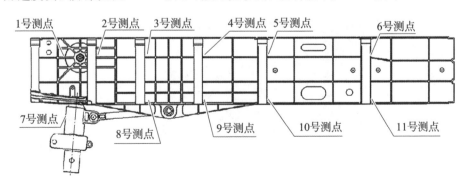

图 5-19　加速度测试方案

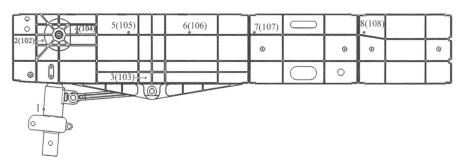

图 5-20　激光位移测试方案

5.4.3　动态冲击试验方案

动态冲击试验不仅考虑了牵制杆断裂时产生的动态冲击响应,而且模拟了试验件的运动状态,通过设计定载释放、弹簧储能、线性运动系统和刹车缓冲系统,实现了试验件的动态冲击加载和运动过程,反映了试验件的动态响应、时程曲线和衰减特性。

1) 试验件

动态冲击试验的试验件设计方案与静力试验的相同,选取包含主承力结构的两条壁板梁、多个框段及机身下蒙皮等,如图 5-10 所示。值得注意的是,为了模拟舰载飞机的质量分布特性,需要在动态冲击试验件的相关部位增加配平载荷。应保证此部分载荷具有足够的连接强度和刚度,以保证试验安全、顺利地进行。

2) 试验件支持与加载

设计试验方案时应注意定载释放、弹簧储能、线性运动系统和刹车缓冲系统的设计参数和匹配特性。动态冲击试验件支持与加载方案示意如图 5-21 所示。

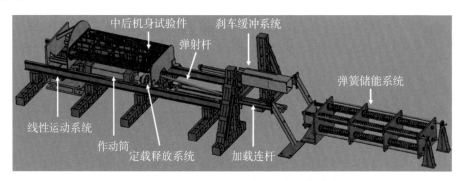

图 5-21　动态冲击试验件支持与加载方案

定载释放系统：采用与静态试验方案相同的布置方案。

线性运动系统：采用滑轨支撑和滑轮运动体系，在对试验件垂向和侧向进行约束的情况下，放开试验件航向的运动自由度，使其可沿航向运动。

弹簧储能系统：弹簧储能系统的刚度系数和长度等参数需要经过计算确定。弹簧储能系统的刚度系数应能提供所需的最大弹射载荷，并在一定运动距离内保持载荷的稳定性，因此弹簧的长度必须经过精确计算确定。张力销剪断、定载释放后，弹簧储能系统应能与试验件实现有效的连接和匹配，从而对加速运动中的试验件实现稳定、有效的加载。

刹车缓冲系统：刹车缓冲系统为一套高效的阻尼吸能系统，既能限制施加在试验件上的减速载荷，又能使高速运动的试验件在较短的距离内停止。

3）试验测试

动态冲击试验测量的数据包括应变和加速度，由于试验件的航向运动，无法测量试验件变形。应变测量点布局可与静力试验方案一致，如图 5-12 所示。加速度测量点布局可与静态冲击试验一致，如图 5-19 所示。

5.5　典型无人机静态冲击试验与数值模拟分析

本节针对典型无人机，介绍了静态冲击试验的程序，设计并进行了静态冲击试验，用于研究机身结构在弹射起飞冲击载荷作用下的动态响应和强度特性，为机体结构设计、制造工艺和优化设计提供依据。通过数值模拟和试验结果的对比分析，验证了静态冲击试验和数值模拟结果的符合性和可靠性，表明了典型无人机结构布局的可行性。

5.5.1　静态冲击试验程序

典型无人机静态冲击试验按照试验前准备、调试试验、预试验、正式试验和试验后检查等五项程序依次进行。

（1）试验前准备：标定作动器的载荷、位移传感器的精度；调试应变、位移传感器和数据采集系统，确保其正常工作；检查试验件安装状态；检查作动筒安装状态。

（2）调试试验：通过调试试验，验证试验件支持系统、多路协调加载系统和采集系统是否正常。调试试验载荷不能超过正式试验的 10%。调试的顺序如下：首先，进行单路加载系统调试；其次，进行多路加载系统联调，保证所有加载点的加载过程都协调、稳定；最后，进行加载控制系统和数据采集系统联调。在进行系统调试后,检查试验件和加载系统的安装状态,确保支持状态正常。

（3）预试试验:预试试验采用60%限制载荷。在预试试验中,应加强对试验各系统的检查。对试验支持和加载系统,检查其是否处于良好状态,消除安装间隙。对采集系统,检查各采集设备是否正常运行,并排除试验环境中的干扰信号。为了检查应变、变形值的线性和重复性,预试试验一般进行2～3次。

（4）正式试验:正式试验包括限制载荷和极限载荷两种试验工况。限制载荷试验的加载方式为每级5%限制载荷分级加载,同步采样;100%限制载荷保载3s后开始卸载,卸载同样按每级5%限制载荷分级卸载,同步采样。极限载荷试验的加载方式为每级5%限制载荷分级加载,同步采样;100%限制载荷保载3s后转换为连续加载方式;在连续加载过程中,张力销在预定载荷下被剪断,释放牵制载荷,试验件在弹射载荷的作用下实现动态冲击过程。

（5）试验后检查:在限制载荷试验和极限载荷试验完成后,均需要对试验件、加载工装进行全面检查,翔实地记录结构变形、损伤、紧固件连接失效等异常情况。每次试验结束后,应第一时间保存数据和试验录像。

5.5.2　数值建模和分析

1）刚柔耦合模型及材料属性

大型复杂结构刚柔耦合多体系动力学的核心问题是模型搭建和求解技术。多体系动力学分析中的模型搭建包括两个基本过程:由几何模型形成物理模型;由物理模型形成数学模型。需要根据不同的分析类型选择合适的求解方法。静态冲击条件下的数值建模和分析采用Adams机械系统动力学软件,构建舰载飞机机身前段和前起落架的刚柔耦合模型,材料属性如表5-1所示。

表5-1　机身前段和前起落架的材料属性

部件	材料	弹性模量/MPa	泊松比	屈服应力/MPa
前起落架外筒	30CrMnSiNi2A	191 000	0.3	1 570
前起落架斜撑板	30CrMnSiA	196 000	0.3	1 080
纵向壁板	7050T7451	70 000	0.3	510
框	7050T7451	70 000	0.3	510

2）模型的简化处理

将前起落架作为刚性体,机身试验件作为柔性体处理,两者之间的连接采用固定约束。前起落架的安装位置决定了其受力,同时也直接影响着弹射试验过程中试验件的姿态,装配完整的刚柔耦合模型如图 5-22 所示。前起落架三维数模在 CATIA 和 Hypermesh 里经过合理简化得到。简化内容主要有删除前起落架上的油管及电线等附件,以提高计算效率;在各部件的重心和连接处创建 Adams 能识别的 Point,以便在模型中导入 Adams 后,于相应位置创建必要的 Marker,以此来定义重心位置和相应的滑移运动副和转动运动副。根据静平衡计算出的前起落架活塞行程确定前起落架活塞杆的精确位置。前起落架构件模型如图 5-23 所示。

图 5-22　静态冲击试验刚柔耦合模型　　图 5-23　前起落架构件模型

3) 模型离散与求解方法

在构件离散成有限元模型时,要对每个单元和节点编号。结构的共振频率对应的模态是最基本而且相互垂直的同维矢量,动态响应下的节点位移是按照节点编号组成的一个矢量。这一矢量由多个模态通过线性组合构成,响应实际上是各个节点位移的一种比例关系。利用单元的材料属性,可以在模态空间中通过模态线性叠加得到单元内部各节点的位移,进而计算出构件的应力和应变。

4) 柔性体的自然频率和模态

利用有限元软件 MSC Nastran 计算试验件模型的自然频率和对应的模态,部分模态如表 5-2 所示。将试验件的模态文件输入 Adams 创建的试验件柔性体中,由模态线性叠加法得到模型的动态响应。

表 5-2　试验件的部分模态

阶数及频率	振型	阶数及频率	振型
第 8 阶 $f = 21.9\,\text{Hz}$		第 9 阶 $f = 71.2\,\text{Hz}$	
第 17 阶 $f = 148.2\,\text{Hz}$		第 20 阶 $f = 191.5\,\text{Hz}$	
第 30 阶 $f = 232.1\,\text{Hz}$		第 40 阶 $f = 257.0\,\text{Hz}$	
第 50 阶 $f = 285.1\,\text{Hz}$		第 55 阶 $f = 313.0\,\text{Hz}$	

5）模型的载荷施加

施加在前起落架上的弹射载荷和牵制载荷时程曲线如图 5-24 和图 5-25 所示。弹射力最大值为 60.01 kN,加载速率为 6.001 kN/s,张力销剪断载荷设定为固定值 56.31 kN。

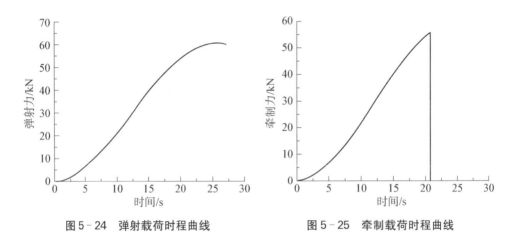

图 5-24　弹射载荷时程曲线　　　　　　图 5-25　牵制载荷时程曲线

5.5.3　静态冲击试验与数值模拟结果对比

通过静态冲击试验和数值模拟计算,得到了机身结构主传力路径的加速度过载、应变和应力分布。机身结构加速度监测量点分布如图 5-26 所示,机身应变和位移测量点分布如图 5-27 所示。通过分析上、下两条传力路径上的加速度、应变和位移数据,验证了静态冲击试验的有效性及与数值模拟技术的一致性。

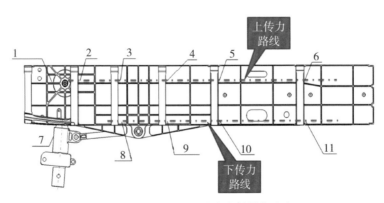

图 5-26　机身结构加速度监测量点分布

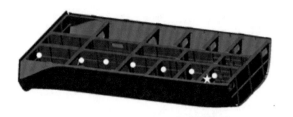

○—应变片　　☆—位移传感器

图 5-27　机身应变和位移测量点分布图

1) 加速度过载对比

以起落架外筒上 7 号监测量点的航向过载时程曲线为例,对比试验测量与仿真计算结果,如图 5-28 所示。由图 5-28 可知,试验与仿真计算得到的过载时程曲线衰减趋势基本一致,仿真计算得到的最大加速度比试验测量值小 6%。

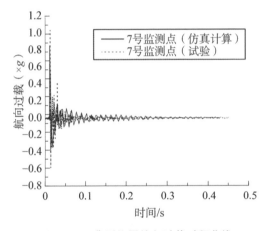

图 5-28　典型位置航向过载时程曲线

上传力路径(1～6 号监测量点)、下传力路径(8～11 号监测量点)的过载时程曲线与 7 号监测量点趋势相似,但各监测量点的过载峰值存在差异。对各监测量点的过载峰值取 4 次平行试验的平均值,并与仿真计算结果对比,上传力路径(1～6 号监测量点)的过载峰值曲线如图 5-29 所示,下传力路径(8～11 号监测量点)的过载峰值曲线如图 5-30 所示。从图 5-29 和图 5-30 可以看出,试验测量得到的各监测量点过载峰值与仿真计算结果吻合较好。试验和仿真计算结果表明,过载峰值沿着主传力路径逐渐衰减,分别衰减了 72% 和 76%,结果吻合良好。

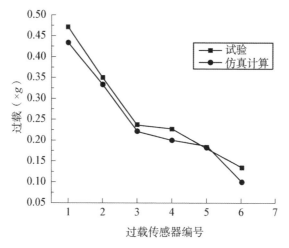

图 5 - 29　上传力路径过载峰值曲线

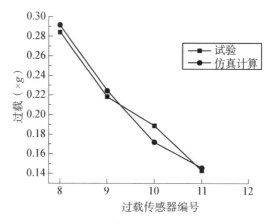

图 5 - 30　下传力路径过载峰值曲线

由静态冲击试验和仿真计算数据对比可知,过载及应变的大小和分布都吻合得较好。对比结果表明,静态冲击试验原理和方法、刚柔耦合数值模拟方法可用于无人机弹射起飞地面验证试验测试和分析,可为飞机结构设计提供参考依据。

2) 应变结果对比

选取前起落架舱壁板、4 号中间壁板、6 号中间壁板和机身前段大梁下侧 4 个应变监测量点进行对比分析,结果如图 5 - 31 和图 5 - 32 所示。从图中可以看出,在牵制载荷释放的瞬间,各监测量点应变均出现较大波动,这表明冲击载荷使机体结构产生了很大的变形和应变响应。对比试验和仿真计算得到的应变时程曲线,可以看出试验与仿真计算结果吻合较好,应变沿逆航向呈递减趋势。

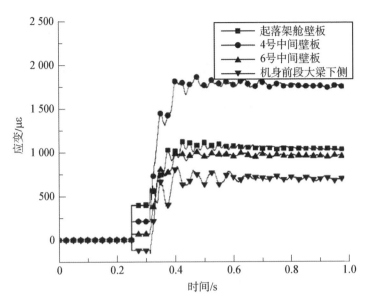

图 5‑31　仿真计算得到机身关键点应变结果

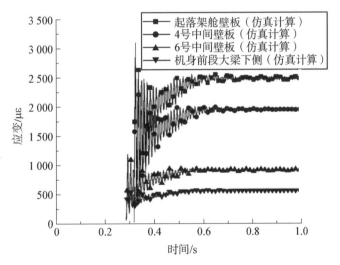

图 5‑32　试验得到机身关键点应变结果

3）机身强度校核

在弹射起飞过程中，舰载飞机承受较大的牵制释放和弹射冲击载荷，对机体结构提出了较高的强度要求。根据地面验证试验和数值模拟结果，研究机身验证试验件的应力及其分布特征，对机身前段结构进行强度校核。

前起落架舱壁板、4 号中间壁板、6 号中间壁板和机身前段大梁下侧 4 个位置处的应力时程曲线如图 5‐33 所示。由图 5‐33 可知,在弹射载荷释放瞬间,机体结构产生了较大的冲击动应力。分析表明,机身前段的应力峰值达到 182 MPa,低于材料的许用应力,弹射过程中机身结构是安全的。机身左右壁板作为主传力路径部件,其应力峰值的分布趋势如图 5‐34 所示。由图 5‐34 可知,机身主传力路径的应力符合距离衰减规律,即离弹射载荷加载点越近,应力越大;离加载点越远,应力越小。

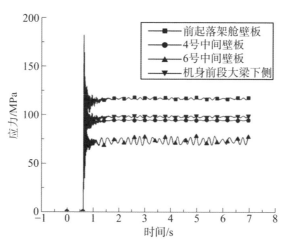

图 5‐33　机身关键点应力时程曲线

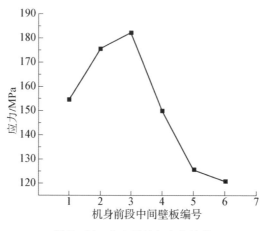

图 5‐34　应力沿航向变化趋势

5.6　小结

本章基于弹射起飞过程中舰载飞机的受力分析、主传力路径和载荷分布,提出了三种地面验证试验原理和方法,系统地介绍了三种试验原理的实施方案,涵盖试验件、试验支持与加载、测试系统等关键技术细节。通过静态冲击试验与刚柔耦合数值模拟的对比,验证了静态冲击试验方法的合理性和适用性。静态冲击试验方法和刚柔耦合数值模拟方法均可用于无人机弹射起飞动响应分析及强度设计,用于验证机体结构的动态响应特性和承受瞬态大过载的能力,检验抗冲击结构设计的合理性和有效性,为舰载无人机结构设计提供理论基础和技术支撑。

第 6 章　舰载无人机拦阻着舰的
地面模拟试验

　　舰载飞机在甲板上快速、安全地起降是保障航母战斗力的关键。拦阻着舰是当前舰载飞机着舰的主流技术,应用于世界各国海军航母。着舰瞬间,舰载飞机下沉速度大,引发撞击式着舰;拦阻过程中,机体结构承受纵向拦阻冲击载荷。相比于垂直起降着舰,拦阻着舰具有起降效率高的优点;与陆基飞机着陆相比,拦阻着舰具有时间短、距离短、载荷大、过载大等特点,纵向过载远大于陆基飞机。因而,舰载飞机的机体结构(特别是拦阻钩前后的结构)需要考虑拦阻着舰工况的特殊性,进行专项设计、分析和试验验证。在舰载飞机拦阻试飞、服役前,必须对舰载飞机拦阻工况的机体结构进行地面强度试验,验证机体结构承载瞬态大冲击过载的能力,以及结构设计、分析方法的准确性,确保舰载飞机飞行安全。

6.1　地面验证试验研究现状

　　国外对舰载飞机的研究始于 20 世纪初,对舰载飞机的拦阻规律、机身结构等做了大量的理论分析和试验研究,积累了丰富的经验。国内的研究起步相对较晚,近年来科研人员不断努力,对舰载飞机着舰关键性能指标,起落架、拦阻钩和机体结构等的设计及试验研究取得了丰硕的成果。

　　国外的研究取得了许多成果。Billec 对不同甲板跨度的飞机拦阻做了试验。试验中进行了 80 次拦阻,对不同甲板跨度和不同重量的飞机在不同拦阻速度下进行试验;另外,考了了 2 种拦阻机凸轮和不同阻尼器油孔参数的影响,试验结果显示,在较大的甲板跨度下,拦阻钩轴向载荷峰值和甲板悬索张紧力峰值较低,在试验中所选取的凸轮参数对绳索峰值和拦阻钩轴向力等没有明显的影响。Leask 分析了旋转液压式拦阻装置的拦阻性能和舰载飞机的载荷及运动变化规律,对美国海军 E-28 型拦阻机进行虚拟仿真分析,并与试验结果进行了对比,验证了分析方法的准确性。美国海军工程中心在美国海军已有的不同类型弹射和回收装置的真实试验数据基础上,对飞机载荷、加速度和速度等参数进行了统计分析,并给出了常见的弹射和回收装置的弹射力和拦阻力结果,可指导飞机的设计。美国在 Lakehurst 试验场对拦阻系统进行静载、动载试验,对拦阻过程进行进一步分析。Willis 采用重量车代替舰载飞机,分析重量、速度对舰载飞机拦阻过程的影响和变化规律,对不同重量和不同速度的多种情况进行试验,获取了相应的数据。Jone 在 Willis 的基础上对舰载飞机着舰时的不同重量、不同着舰速度、不同偏心拦阻角度等工况进行试验,并获取不同工况下拦阻钩的载荷,去除相对误差较大的数据,通过数学方法得到飞机的拦阻力与飞机的重量、拦阻速度和偏心拦阻角度之间的关系,并拟合出相应的曲线。随着控制技术和智能化技术的进步,舰载无人机成为研究的重点,美国针对 X-47B 隐身舰载无人机做了大量的研究和试验。

国内研究也不断获得新的进展,北京航空航天大学的金长江对舰载无人机的着舰方式进行了详细研究,认为着舰过程中的下滑航迹标定及保持、啮合速度及拦阻滑跑、逃逸复飞能力等是舰载飞机起落性能的主要评定指标;这些指标与航母的大气扰动、纵倾、横摇和升沉运动密切相关。南京航空航天大学的聂宏等对拦阻索的受力状况进行分析,得出舰载飞机拦阻着舰位移与拦阻索伸长量之间的关系,进而分别得到左右拦阻索拉力,推导出偏心偏航拦阻力模型,并分析了偏心偏航拦阻对舰载飞机拦阻距离和拦停时间的影响。中国人民解放军空军工程大学的胡孟权、林国华根据动力学原理,建立了考虑起落架变形时飞机在甲板上的运动方程,进行了舰载无人机拦阻着舰动力学分析的研究,提出了飞机非对称、偏心着舰时拦阻力的计算方法,考虑了拦阻挂钩在拦阻索上的滑动情况,进行了舰载飞机着舰动力学模型以及舰载飞机拦阻着舰仿真和分析研究。哈尔滨工程大学的郤冶、顾璇等对舰载飞机从斜甲板上滑跃起飞的全过程进行了三维数值模拟,给出了舰载飞机在不同条件下滑跃起飞过程中气动特性的差异。沈阳飞机设计研究所的王钱生对国外舰载飞机着舰下沉速度的早期计算和近期发展情况进行了初步分析研究,提出了对舰载飞机着舰下沉速度进行修正的讨论,并且从舰载飞机的总体设计角度出发,研究了舰载飞机总体设计中与航母的适配起飞、着舰等关键技术问题。沈阳飞机设计研究所的赵波对舰载飞机起降过程中的飞行动力学问题进行了论述和分析。中国人民解放军海军工程大学的林华对舰载飞机回收过程中飞行甲板跑道容量的瓶颈进行了虚拟仿真模拟。

根据相关文献,国内外对舰载飞机的研究主要涉及拦阻机舰适配性、拦阻系统、拦阻过程中舰载飞机的气动载荷和姿态等方面。然而,对拦阻过程中舰载飞机拦阻主结构的设计及拦阻工况机体结构强度试验的研究未有文献报道。舰载飞机在拦阻着舰过程中,载荷严酷、机体结构受力复杂,为保证拦阻着舰工况机体结构安全,需要开展拦阻工况下机体结构强度的验证试验。本章主要针对舰载飞机拦阻过程中的载荷特征,进行舰载飞机机体结构静强度和动强度试验方案以及试验平台的设计与开发,同时对典型舰载无人机进行拦阻工况的静强度试验和冲击试验,验证了本书第 4 章提出的舰载飞机拦阻过程动强度分析方法的准确性。拦阻工况机体结构的强度试验可明确拦阻载荷的传力路径、过载分布和结构应力分布规律,这对舰载飞机机体结构设计具有指导意义。

6.2　舰载飞机拦阻着舰过程机体结构受力特性

6.2.1　舰载飞机拦阻过程受力分析

舰载飞机在接触甲板以后,保持三点着陆姿态滑行,拦阻索挂钩后,拦阻系统开始工作,飞机以确定的攻角做减速运动。拦阻系统施加的拦阻力为 F,与机身参考平面的夹角为 α,α 随拦阻距离变化,在拦阻力、发动机推力、摩擦力等的作用下,飞机接地速度减小,直至为零。舰载飞机拦阻过程受力如图 6-1 所示。

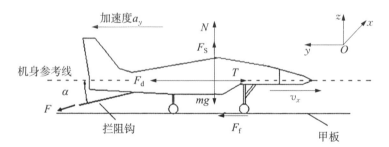

图 6-1　舰载飞机拦阻过程受力示意图

舰载飞机在 y 方向(逆航向)的受力方程为

$$T - F_y - F_f - F_d = -ma_y \tag{6-1}$$

$$F_y = F\cos\alpha \tag{6-2}$$

$$F_d = \frac{\rho v_y^2 S C_D}{2} \tag{6-3}$$

式中：T 为舰载飞机发动机推力；F 为拦阻力；F_y 为拦阻力在 y 方向上的分力；F_f 为舰载飞机在地面滑跑时所受到的摩擦阻力；F_d 为空气阻力；a_y 为舰载飞机水平方向加速度；v_y 为舰载飞机水平方向速度；m 为舰载飞机质量；ρ 为空气密度；S 为阻力面积；C_D 为阻力系数。

飞机在 z 方向（竖直方向）的动态方程为

$$mg - F_S - N + F_z = ma_z \qquad (6-4)$$

$$F_z = F\sin\alpha \qquad (6-5)$$

式中：a_z 为舰载飞机在 z 方向的加速度；F_z 为拦阻力在 z 方向上的分力；F_S 为舰载飞机气动升力；N 为起落架支持力。

6.2.2　拦阻过程机体结构主传力路径

舰载飞机着舰后，拦阻钩与拦阻系统连接，拦阻系统通过拦阻钩向舰载飞机施加拦阻载荷，在 $3\sim5$ s 内使得舰载飞机速度降为零。对于拦阻系统的设计，一般将舰载飞机等效为刚体开展拦阻的模拟试验，得到拦阻过程舰载飞机加速度、拦阻力随时间和拦阻距离的变化规律，如图 6-2 所示。舰载飞机拦阻载荷通过拦阻钩施加于舰载飞机机身后段，根据式（6-1）可得拦阻力与全机惯性载荷＋发动机推力满足动态平衡；然而，惯性力与全机质量分布相关，沿着拦阻钩所在剖面向机身前段和机身后段均递减。由于舰载飞机重量主要集中在机翼、机身（包括油箱）中后段结构上，舰载飞机在拦阻工况下的主传力结构为机身中后段，因此，在结构设计时应考虑舰载飞机拦阻载荷的主传力路径。图 6-3 所示为典型舰载无人机机身中后段结构图，为了传递拦阻载荷，有上下两个传力路径。

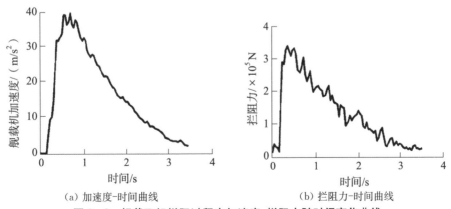

（a）加速度-时间曲线　　　　　（b）拦阻力-时间曲线

图 6-2　舰载飞机拦阻过程中加速度、拦阻力随时间变化曲线

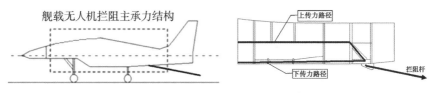

图 6-3　舰载无人机机身中后段结构与传力路径

6.2.3　拦阻过程机体结构受力分析

在拦阻着舰时舰载无人机各框段上的惯性载荷分布如图 6-4 所示,拦阻主传力结构承受的航向载荷包括拦阻钩的拦阻力载荷、机身前段惯性载荷、机翼惯性载荷、机身后段惯性载荷和发动机推力载荷等,机身剖面惯性载荷沿航向分布如图 6-5 所示。燃油惯性载荷与框结构惯性载荷叠加后以分布力的形式作用在机身框上。

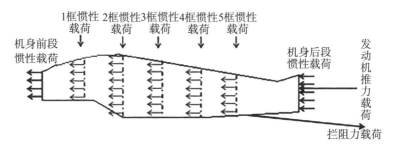

图 6-4　拦阻着舰时舰载无人机各框段上的惯性载荷分布

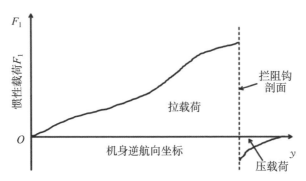

图 6-5　机身剖面惯性载荷沿航向分布

舰载飞机着舰后,具有沿纵向(y 正向)的速度,同时拦阻力 F 的作用会产生逆航向的加速度a_y。图 6-5 中,机身前段质量为 m_1,拦阻过程机身前段惯性载荷为 F_1,其大小为

$$F_1 = m_1 \times a_y \tag{6-6}$$

同理，机身中段质量为 m_2，机身后段质量为 m_3。应用达朗贝尔原理，拦阻过程中主传力结构满足动态平衡，平衡方程为

$$T - F_y - F_f - F_d = -(m_1 + m_2 + m_3) \times a_y \tag{6-7}$$

由于摩擦力 F_f 和空气阻力 F_d 均远小于拦阻载荷 F_y。因此，在本章中忽略摩擦力和空气阻力，拦阻过程飞机水平方向动态平衡方程可表示为

$$F_y - T \approx ma_y \tag{6-8}$$

6.3　拦阻工况机体结构强度试验原理和方法

舰载飞机拦阻着舰是一个复杂的过程，拦阻过程涉及的强度问题有起落架强度、机身结构强度、拦阻索强度、拦阻钩强度等。起落架强度校核试验有静强度试验、落震冲击试验和摆振试验。机体结构强度试验有静力试验、冲击试验、高压气体储能冲击试验和路基拦阻验证试验等。本书主要研究舰载无人机弹射、拦阻工况下机体结构的设计、分析和地面试验。为考察在拦阻工况下机体主传力结构的强度，本章介绍了静力试验、静态冲击试验和动态冲击试验三种典型的试验方法。

静力试验是将机身顺航向远离拦阻钩的机身前段框固定约束，通过逐级施加惯性载荷和拦阻载荷，考察拦阻主传力结构的应力、变形分布规律。静态冲击试验是将机身前段框固定约束，通过瞬间施加拦阻冲击载荷，考察拦阻主传力结构动强度。动态冲击试验中，机体主传力结构处于水平自由状态，对其施加瞬态冲击拦阻载荷，研究拦阻载荷传递的规律和结构动态响应，考察主传力结构的强度。下面介绍每种试验的原理和方法。

6.3.1　静力试验原理和方法

静力试验是保证飞机结构完整性的重要手段之一，是针对飞机在使用过程中所承受载荷进行地面模拟和考察其强度的重要方法，是评定飞机机体结构强度可靠性的主要依据。本章首先采用静力试验方法，研究舰载飞机在拦阻过程中机体结构的变形与应变变化规律，考察拦阻载荷达到最大时，机身主传力结构的安全性。静力试验目前作为国内舰载飞机试飞前的验证试验，能够合理评估

拦阻钩附近机体结构的强度和传力路径,对确保试飞安全具有重要的意义。静力试验的关键技术在于试验过程中对舰载飞机拦阻过程中各部件惯性载荷的精准施加。

1）试验原理

根据舰载飞机拦阻过程受力示意图(见图6-1)及惯性载荷分布(见图6-4和图6-5),舰载飞机在拦阻过程中,拦阻载荷的水平分力与发动机载荷、飞机惯性载荷满足动态平衡条件。静力试验的原理是通过约束机身前段框,在机体结构上施加沿机身航向的分布惯性载荷,在机翼上施加惯性载荷;对前起落架、主起落架支撑点施加起落架载荷,平衡拦阻载荷竖直方向的分量;在机身后段的发动机安装座上施加发动机推力载荷,忽略空气阻力和轮胎摩擦力的作用。拦阻过程中舰载飞机的航向加速度、拦阻力均随拦阻距离变化,静力试验仅针对拦阻过程中最危险的时刻(拦阻力最大、过载最大)的载荷特征,通过准静态逐级加载的方式施加载荷,考察机体结构的安全性。

2）试验方法

（1）试验件支持/约束方法:将舰载飞机的机身前段框以固定端约束的形式水平悬空固定于承力墙上。静力试验过程中,固定端约束载荷理论上等于约束端前部结构的航向惯性载荷。

（2）惯性载荷施加方法:对于机身惯性载荷,在机身框结构的各框上粘贴胶布带,将机身相邻两个框间结构的惯性载荷通过胶布带施加于机身框上;对于机翼惯性载荷,分别在左右机翼重心剖面前梁或后梁上安装耳片,通过作动筒直接施加;对于油箱结构和燃油惯性载荷,在油箱结构及燃油区域多点安装加载耳片,通过多级杠杆系统施加。

（3）发动机推力载荷加载方法:在发动机安装架前端通过作动筒施加拦阻过程中发动机的推力。

（4）拦阻载荷施加方法:通过作动筒直接在拦阻钩接头处沿拦阻方向施加载荷。

（5）拦阻缓冲作动器载荷施加方法:为考察机身拦阻钩、拦阻缓冲作动器安装区域结构的强度,通过在拦阻钩处施加位移约束,在缓冲器与机身的接头处施加缓冲器载荷,以考察机身局部结构的强度。

（6）应变、变形测量方法:进行静力试验前,首先根据有限元软件分析静力试验载荷和约束边界下结构的应变、变形分布特征,筛选机体结构应变大的部位,进行试验过程中应变片测量点的设计,试验中分级测量应变变化,考察机体结构强度;沿机身航向多点布置位移传感器,测量试验过程中机体结构的变形规律,考察机体结构刚度。

6.3.2　静态冲击试验原理和方法

舰载飞机从拦阻着舰到停止,整个过程在 3～5 s 内完成,拦阻载荷在 0.15 s 左右由 0 达到峰值。舰载飞机拦阻着舰为典型的动力学问题,拦阻过程载荷峰值大、加速度大,对舰载飞机机身结构,特别是与拦阻钩相连的机身中后段有很大的影响。为保证机身结构在拦阻过程中的安全性,需要对舰载飞机拦阻载荷的传递动态特性进行分析与试验。采用静力试验方法验证结构安全性时,不能反映拦阻载荷的动态传递规律和结构的动态响应。因此,为了进一步研究拦阻过程中结构的动态力学性能,需要开展冲击试验,真实地模拟在拦阻载荷瞬态冲击下,机体结构上的应力传播规律和结构刚度,进而进行机体结构动强度评估。

1) 试验原理

按照静力试验的约束方式,将机身前段框固定于承力墙上,在机身拦阻钩接头处沿拦阻载荷的方向施加冲击载荷,考察机体结构动强度和刚度。静态冲击试验原理如下:以全机体结构为试验对象,对于非考察区域,可以采用等刚度、等质量分布的模拟件代替(如燃油、起落架、发动机和远离拦阻接头的机身后段),忽略发动机推力和起落架载荷对机体结构强度的影响,不考虑缓冲作动器冲击对局部结构的影响,仅测量拦阻冲击载荷下结构应变、变形的变化规律,研究拦阻冲击载荷下机体结构的传力路径,进行机体结构强度、刚度评估。

2) 试验方法

(1) 试验件支持/约束方法:与静力试验方法一样。将舰载飞机的机身前段框以固定端约束的形式悬空水平固定于承力墙上。

(2) 拦阻冲击载荷施加方法:由于冲击试验载荷加载速率很大(在约 0.15 s 内施加拦阻载荷),因此,机身前段在固定状态下的冲击试验只考虑拦阻载荷,不施加发动机和起落架载荷,惯性载荷通过将试验件按照全机各部件质量、质心一致进行配重来施加。

(3) 应变、变形和航向加速度测量方法:在关键部位粘贴应变片;沿机身航向多点布置测量竖直方向变形的位移传感器;沿机身航向多点布置加速度传感器;采用高速动态采集设备实现冲击载荷与应变、变形和加速度的测量;进而考察机体结构强度、刚度和过载传递规律。

6.3.3　动态冲击试验原理和方法

进行静力试验和静态冲击试验时，将机身前段固定，施加载荷。然而，舰载飞机拦阻着舰过程中，拦阻钩与拦阻索啮合后，舰载飞机沿航向运动。拦阻过程中，拦阻载荷属于动态冲击载荷，舰载飞机沿航向运动。尽管静力试验和静态冲击试验方法能够实现对机体主承力结构的强度校核，但由于对舰载飞机实际拦阻工况边界条件进行了简化，因此不能全面、有效地模拟拦阻载荷在机体结构的传力路径以及准确模拟远离拦阻钩的结构过载和应力分布。而动态冲击试验既实现了机体结构航向无约束的边界条件，又考虑了拦阻载荷的瞬态冲击特性，可更真实地实现拦阻工况的地面模拟试验，揭示拦阻载荷在机体结构的传力路径和过载分布，评估机体结构动强度。

1）试验原理

为更准确地模拟舰载飞机拦阻钩与拦阻索啮合后的实际运动状态，更精确地分析机身传力特性，对传统的试验方法进行创新设计。动态冲击试验原理如下：将试验件放置于在航向可自由运动的试验平台上，基于弹簧系统变形储能、瞬间能量释放的方式实现拦阻载荷的快速施加，试验过程中机体试验件无航向约束，与实际舰载飞机拦阻过程边界和载荷状态的一致性好。

2）试验方法

在舰载飞机的前起落架、主起落架安装处固定带有直线轴承的水平滑块；设计水平滑台，水平滑台长度应大于前起落架与主起落架距离的两倍；将试验件通过三个水平滑块安装于水平滑台的三个滑轨上，确保舰载飞机只可以沿航向自由运动，其他方向的运动和转动应被约束。根据最大拦阻力设计弹簧储能系统，确保弹簧恢复力大于最大拦阻载荷；弹簧系统通过多根弹簧并联成一组，然后通过多组进行串联，弹簧系统中间设计有一个连杆，连杆端头通过可控定载接头与加载作动筒连接，连杆中间同时与拦阻钩头连接；作动筒缓慢拉伸连杆以驱动弹簧系统压缩变形和舰载飞机沿正航向移动，从而实现能量储备；当弹簧恢复力达到拦阻载荷时，定载接头断裂，弹簧系统能量瞬间释放，通过拦阻钩带动舰载飞机沿逆航向加速运动；从而实现飞机航向无约束时拦阻载荷的快速施加。当弹簧系统恢复到原长时，拦阻钩与连杆断开，舰载飞机将会继续沿逆航向运动。为了使舰载飞机运动缓慢停止，需要设计摩擦力可控（小于发动机推力）的刹车阻尼系统。拦阻钩与连杆脱开后，阻尼系统与发动机支架接触，通过刹车阻尼系统缓慢刹停试验件。

应变、航向加速度测量方法：动态冲击试验过程中，需要在关键部位粘贴应变片;沿机身航向多点布置加速度传感器;采用高速动态采集设备实现冲击载荷、应变、加速度的同步采集;进而考察机体结构强度、拦阻力传递规律和机体结构上的过载分布。

6.4　拦阻工况典型地面验证试验方案

针对舰载无人机拦阻工况强度考察,介绍静力试验、静态冲击试验和动态冲击试验的试验方案。

6.4.1　静力试验

静力试验主要考察舰载飞机拦阻工况下主承力结构的强度,试验过程中需要施加各部件的惯性载荷,因此,为确保各部件载荷施加位置的准确性,设计静力试验方案时包括试验件设计、模拟件设计、加载方案与工装设计和测试方案设计等。

1) 试验件设计

依据 6.2.3 节舰载飞机拦阻工况下的受力分析,确定拦阻过程机体结构主传力结构。本节以典型舰载无人机为例,拦阻工况静力试验件选取机身前段后部分后框、机身中后段、拦阻钩接头等,如图 6-6 所示。

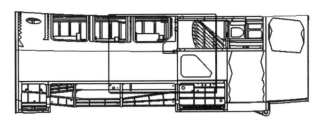

图 6-6　拦阻工况机体主承力结构

2) 模拟件设计

静力试验需要施加全机拦阻过程的惯性载荷,因此需要设计机翼、机身后段、拦阻钩等模拟件。模拟件设计原则如下:①具有不低于原结构件的强度;②具有与原结构件同等的质量;③模拟件与试验件的接口应与机体结构连接形式相同。

以典型舰载无人机为例,模拟件包括机翼、机身后段和拦阻钩,如图 6-7所示。

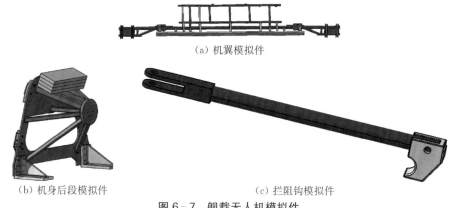

（a）机翼模拟件

（b）机身后段模拟件　　　　　　　　　　　　　　（c）拦阻钩模拟件

图6‑7　舰载无人机模拟件

3）加载方案设计与工装设计

静力试验约束、加载方案如图6‑8所示，将机身前段框以固定端约束的形式悬空水平固定于承力墙上，拦阻钩接头距离地面1.8 m，以便有安装试验加载、测试装备和检测试验件的空间。

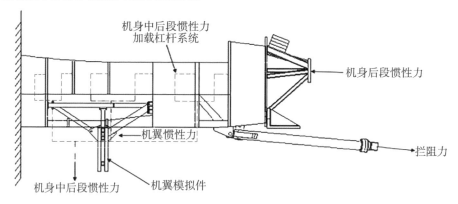

图6‑8　静力试验约束、加载方案

静力试验的载荷有拦阻载荷、机身中段惯性载荷、机翼惯性载荷、油箱燃油惯性载荷、发动机推力和机身后段载荷。

（1）拦阻载荷：调整拦阻钩与水平面的夹角，加载作动筒直接连接于拦阻钩接头。

（2）机身中段惯性载荷：将机身上相邻两个框间的质量（包括设备）在拦阻过程中的惯性载荷按载荷中心不变的原则平均分配到两个框上，在机身框上粘贴胶布带，通过胶布带、杠杆系统施加机身惯性载荷。由于惯性载荷的方向沿着航向，因此通过胶布带施加惯性载荷时，要确保胶布带载荷的加载方向与航向的偏角小于 15°,同时确保垂直于航向的载荷平衡。机身惯性载荷由两个作动筒施加。

机翼惯性载荷:在左右机翼模拟件的质心处均设计航向加载接头,通过布置于左右的两个作动筒直接在接头处施加机翼惯性载荷。

油箱燃油惯性载荷:将燃油惯性载荷分配到与油箱连接的机身框上,通过在机身框上粘贴胶布带施加。

发动机推力和机身后段惯性载荷:将发动机推力和机身后段惯性载荷合并,通过在机身后段后端部位连接的一个作动筒施加。

静力试验共有 6 个作动筒施加载荷。加载方案设计如图 6-9 所示。

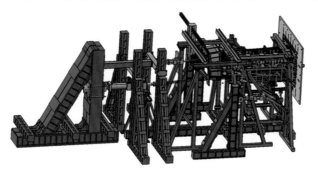

图 6-9 拦阻工况静力试验加载方案设计

4）测试方案设计

根据拦阻工况下舰载飞机传力结构有限元变形分析和应力分析、传力结构试验状态的有限元分析,以及研究拦阻载荷的传力路径,布置试验应变测量点和变形测量点。

6.4.2 静态冲击试验

静态冲击试验主要考察舰载飞机拦阻工况下主承力结构的动强度,考察拦阻冲击载荷沿主传力路径的传载特性。在拦阻冲击载荷作用下,试验件存在过载,因此,惯性载荷的施加可以参考全机质量分布对试验件进行配重来实现。静态冲击试验方案设计包括试验件设计、模拟件设计、加载方案与工装设计和测试方案设计等。

1）试验件设计

静态冲击试验的试验件设计方案与静力试验相同,选取机身前段后部分框、机身中后段、拦阻钩接头等,如图 6-6 所示。

2) 模拟件设计

静态冲击试验只需施加拦阻载荷,惯性载荷通过参考全机质量分布,设计模拟件来施加。模拟件设计原则如下:①具有不低于原结构件的强度;②具有与原结构件同等的质量;③模拟件与试验件的接口应与机体结构连接形式相同;④模拟件的质量和质心位置应与真实件完全一致。

以典型舰载无人机为例,模拟件包括机翼、机身后段和拦阻钩。

3) 加载方案与工装设计

静态冲击试验的约束、加载方案设计如图 6 - 10 所示,将飞机机身前段框以固定端约束的形式悬空水平固定于承力墙上,拦阻钩距离地面 1.8 m,以便有安装试验加载、测试装备和检测试验件的空间。

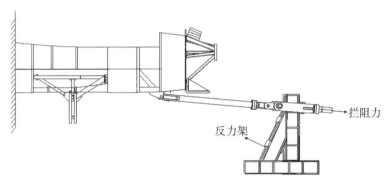

图 6 - 10　静态冲击试验约束、加载方案设计

由于冲击试验载荷加载速率很大(在约 0.15 s 内施加拦阻载荷),因此,机身前段在固定状态下的冲击试验只考虑拦阻载荷,不施加发动机载荷,惯性载荷通过与全机各部件质量、质心一致进行配重。

如图 6 - 10 所示,试验件一端固定,一端自由,固定端为与机身前段相连的框,自由端为与机身后段连接处。试验装置分为固定装置、配重系统、拦阻冲击载荷加载装置。

(1) 固定装置与静力试验相同,保证中机身后段试验件固定端约束,平衡拦阻过程中机身前段对试验件的惯性力作用。

(2) 配重系统包括机身后段模拟件、机翼模拟件、拦阻钩模拟件、缓冲器模拟件和可用燃油模拟件。由于拦阻冲击试验的动态响应结果准确性与试验件质量有关,因此为保证试验结果的准确性,设计模拟件配重系统。其中机身后段、机翼、拦阻钩、缓冲器模拟件与静力试验相同,不再赘述。由于静力试验中可用燃油惯性力通过胶布带、滑轮及杠杆系统加载,而本试验完全通过机身质量耗散拦阻力,因此为尽可能模拟飞机真实质量,根据实际构件的质量和质心设计可用燃油模拟件,并通过螺栓与中机身后段相应位置相连。

(3) 拦阻冲击载荷加载装置包括反力架、定载接头和作动筒。反力架固定于地面,一端与拦阻钩相连,另一端与作动筒通过定载接头相连,作动筒另一端端部固定。拦阻钩模拟件与水平面夹角为 θ,作动筒与拦阻钩同轴,与水平面夹角为 θ,保证载荷加载方向与水平面夹角为 θ。

开始加载时,作动筒伸缩,作动筒通过定载接头与反力架连接,反力架固定于地面可以平衡作动筒载荷,此时试验件上不受载荷作用。当达到定载接头断裂载荷时,定载接头断裂,反力架将载荷瞬间传递给拦阻钩,可实现快速加载,模拟拦阻冲击载荷。为获得试验时实际加载至拦阻钩的载荷,在试验件拦阻钩头处安装载荷传感器,获得载荷加载时程曲线,监控载荷峰值和载荷随时间的变化。

4) 测试方案设计

(1) 加速度测量。

沿机身上、下传力路径航向布置加速度传感器,考虑到中机身后段的对称性,重点观测机身右侧的加速度,上传力路径取样点为 1、2、3、4、5、6,下传力路径取样点为 1、7、8、9、10、11,其中取样点 1 位于拦阻接头处,为中机身后段与拦阻钩连接处,加速度测量点分布如图 6-11 所示。

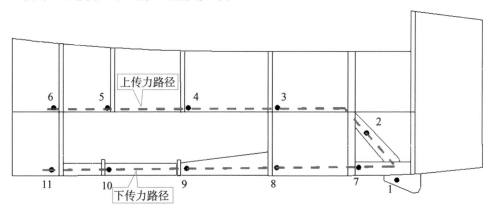

图 6-11　加速度测量点分布示意图

(2) 应变测量。

为研究中机身后段在拦阻着舰过程中的应力分布规律,沿上、下传力路径航向在相应位置布置应变片,如图 6-12 所示。

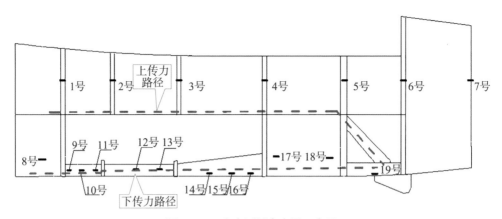

图 6‑12　应变测量点布置示意图

（3）位移测量。

为研究试验件在拦阻着舰过程中的变形及机身刚度，在试验件相应位置布置动态位移计，如图 6‑13 所示。

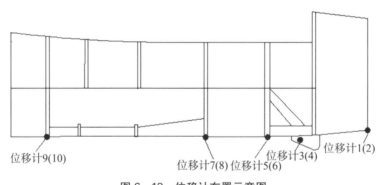

图 6‑13　位移计布置示意图

6.4.3　动态冲击试验

1）试验件设计

动态冲击试验的试验件设计方案与静力试验相同，选取机身前段后部分框、机身中段和机身后段、拦阻钩接头等，如图 6‑6 所示。

2）模拟件设计

动态冲击试验只需施加拦阻载荷，惯性载荷参考全机质量分布，设计模拟件来实现。模拟件设计原则如下：①具有不低于原结构件的强度；②具有与原结构件同等的质量；③模拟件与试验件接口应与机体结构连接形式相同；④模拟件的质量和质心位置应与真实件完全一致。

3) 加载方案设计与工装设计

舰载飞机处于航向自由状态,在机身前段、机身后段模拟件底部施加 4 个圆柱副。本试验属于创新型研究,目前国内没有相关的资料可以借鉴,为达到研究目的,设计出如下试验系统。试验整体加载示意图如图 6-14 所示。

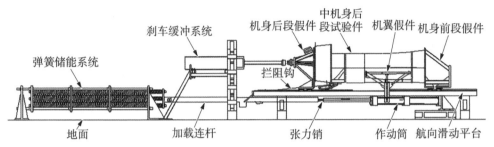

图 6-14　航向自由状态下拦阻试验整体加载示意图

试验加载方案包括弹簧储能系统、作动筒加载装置、航向滑动平台、刹车缓冲系统、试验件系统 5 个部分。

(1) 弹簧储能系统。

弹簧储能系统由 15 根高强度弹簧(3×5)组成,弹簧刚度系数为 180 000 N/m²,弹簧储能系统的变形能力为 1.5 m,储能能力为 202 500 J。弹簧储能系统前端固定于地面,后端与加载连杆相连,试验过程通过作动筒加载装置压缩弹簧储能系统实现储能。这种储能系统适用于 5 t 以下的舰载飞机,对于重舰载飞机,需要采用如高压气罐储能、液压储能、蒸汽储能或摆振机械储能等其他方式。

(2) 作动筒加载装置。

作动筒加载装置包括加载连杆、定载接头和作动筒。整个作动筒加载装置位于滑轨下方。作动筒端部固定,另一端与加载连杆之间通过定载接头相连,加载连杆另一端与弹簧储能系统相连,加载连杆中间处有随动推杆和连接横杆,加载连杆中的连接横杆与拦阻钩相连。加载连杆中的连接横杆与拦阻钩头间需要留 3 mm 左右的间隙,以实现试验过程中当载荷加载到拦阻钩时,推动试验件的随动推杆与拦阻钩脱离的目的。

(3) 航向滑动平台。

航向滑动平台包括滑轨和滑块,试验件通过前机身后段模拟件、滑块与滑轨相连。滑块内部安装有滚珠,同时在滑轨上涂抹润滑油,减小摩擦力对试验的影响。通过航向滑动平台模拟舰载飞机的航向自由状态。

（4）刹车缓冲系统。

刹车缓冲系统采用滑动摩擦原理，由两边夹板和中部顶杆组成，两边夹板提供压力，中部顶杆运动时可产生摩擦力，通过调节两边夹板的间距可调节摩擦力大小。刹车系统的最大刹车距离为 1.5 m，将摩擦力控制在 10～25 kN。运动的试验件通过机身后段模拟件端部撞上刹车缓冲系统，在刹车缓冲系统的作用下试验件逐渐减速为零。在试验中控制刹车系统提供的摩擦力小于 20 kN，保证试验件在刹停过程中的安全。

（5）试验件系统。

拦阻冲击试验的动态响应结果的准确性与试验件的质量有关，为准确、有效地分析中机身后段在拦阻过程中的动力学响应，并保证试验结果的准确性，将机翼、机身后段、燃油、机身前段模拟件与试验件相应位置连接，保证配重后试验件系统的质量与舰载飞机总质量相同。为准确获得中机身后段试验件的相关数据，防止试验过程中的冲击、摩擦对试验结果的影响，只将机身前段模拟件、机身后段模拟件与滑轨上的滑块相连，中机身后段试验件不与滑轨直接接触。

4）测试方案设计

自由状态冲击试验测量的数据包括加速度和应变，由于试验件的航向运动，无法准确测量试验件变形。加速度测量点和应变测量点布置与静态冲击试验一致，分别如图 6-11 和图 6-12 所示。

6.5　典型舰载无人机地面拦阻冲击试验与动力学仿真分析

本节针对典型的舰载无人机，开展其拦阻工况的机体结构动力学仿真分析和试验评估。通过仿真分析和试验，研究拦阻载荷沿机体主承载结构的传力路径、拦阻过程中机体结构过载分布特性、机体结构上的应变变化和传播规律，验证拦阻过程动力学分析方法的准确性，评估机体结构强度和设计的合理性。

6.5.1　舰载无人机拦阻冲击试验件和模拟件

拦阻载荷通过航母上拦阻系统的拦阻索传递给舰载飞机的拦阻钩，对舰载飞机机体结构而言，拦阻载荷传递的主结构为机身中后段。因此，典型舰载无人机拦阻试验件选取机身前段、中段和后段部分结构为研究对象，如图 6-15 所示。试验件沿机身方向包含 8 个框，长度为 4 m 左右，主承力结构材料为 7050 铝合金，拦阻钩接头材料为 30CrMnSiA。

（a）试验件数模　　　　　　　　　　　　　　（b）试验件

图 6 - 15　典型舰载无人机拦阻主传力试验件

动态冲击试验只需施加拦阻载荷,惯性载荷参考全机质量分布设计模拟件来实现。典型舰载无人机模拟件包括机翼、机身后段、机身前段和拦阻钩模拟件等,燃油以质量块的形式与机身模拟件叠加在一起,如图 6 - 16 所示。

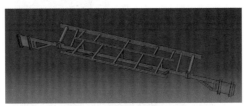

（a）机翼模拟件

（b）机身前段模拟件

（c）机身后段模拟件　　　　　　　　　　（d）拦阻钩模拟件

图 6 - 16　动态冲击试验模拟件

机身前段模拟件通过 144 个螺栓与试验件前段框进行机械连接；机身后段模拟件通过 54 个螺栓与试验件后段框进行机械连接；拦阻钩模拟件上串联载荷传感器，通过销轴与拦阻钩接头铰接；油箱燃油模拟件与油箱内部框底面壁板固定连接。

6.5.2　动态冲击试验装置和试验过程

1）试验装置

试验装置包括弹簧储能系统、作动筒加载系统、航向滑动平台、刹车缓冲系统和试验件系统（见图 6 - 15）5 个部分，如图 6 - 17 所示。

图 6 - 17　动态冲击试验装置

（1）弹簧储能系统。

弹簧储能系统具体设计参数在 6.4.3 节中已详述，本项目所用的弹簧储能系统如图 6 - 18 所示。

图 6 - 18　弹簧储能系统

（2）作动筒加载系统。

作动筒加载系统包括加载连杆、定载接头和作动筒，如图 6 - 19 所示。工作原理已在 6.4.3 节中详述。

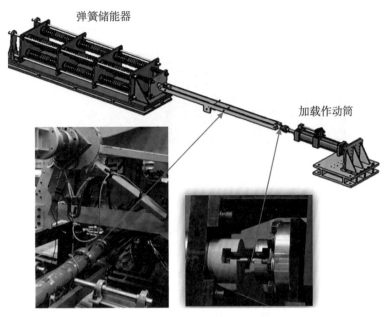

图 6 - 19　作动筒加载系统

（3）航向滑动平台。

航向滑动平台包括滑轨和滑块,安装示意图如图 6 - 20 和图 6 - 21 所示。

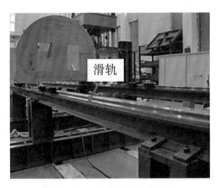

图 6 - 20　滑轨安装示意图

图 6 - 21　滑块安装示意图

（4）刹车缓冲系统。

刹车缓冲系统采用的摩擦力原理已在 6.4.3 节中详述,试验设计的刹车缓冲系统如图 6 - 22 所示。

图 6-22　刹车缓冲系统

2）试验过程

进行试验时，在加载连杆与作动筒之间安装有定载接头，试验开始后作动筒拉动加载连杆与弹簧沿航向运动，同时带动试验件系统同步运动。达到定载接头断裂载荷时，定载接头断裂，弹簧储能系统带动加载连杆反向运动，瞬间将载荷施于拦阻钩头，拦阻力瞬间达到设计值。通过控制定载接头直径，控制定载接头断裂载荷，以实现拦阻的目的。针对典型舰载无人机，拦阻力为 245 kN。

3）动态冲击试验测量点布置

（1）机身航向加速度测量点。

沿机身上、下传力路径航向布置加速度传感器，考虑到中机身后段的对称性，重点观测机身右侧加速度，上传力路径取样点为 1、2、3、4、5、6，下传力路径取样点为 1、7、8、9、10、11，其中测量点 1 位于拦阻接头处，也就是中机身后段与拦阻钩连接处，加速度传感器分布与图 6-11 中描述一致。

（2）应变测量点。

为研究中机身后段在着舰拦阻过程中的应力分布规律，在上、下传力路径沿机身航向在相应位置布置应变片，应变片布局与图 6-12 一致。

4）拦阻载荷

拦阻载荷与拦阻过程中飞机质心过载和飞机总质量相关。本章以典型舰载无人机为研究对象，拦阻载荷为 245 kN，载荷加载方向与水平方向夹角为 5°。进行动态冲击试验时选取 245 kN 定载接头，冲击过程中拦阻载荷变化可以通过拦阻钩上串联的载荷传感器测得，如图 6-23 所示。

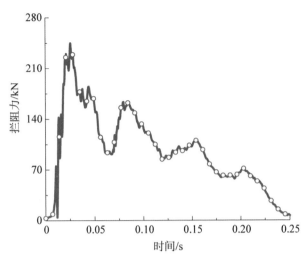

图 6‑23　拦阻载荷时程曲线

6.5.3　动力学仿真分析

数值仿真分析模型与动态冲击试验的边界条件、载荷、试验件模型及模拟件完全一致。基于机械系统动力学软件 Adams，联合三维建模软件 CAD、Hypermesh 和有限元软件 Patran 与 MSC Nastran，建立刚柔耦合多体系统动力学分析模型。根据几何模型搭建物理模型，由物理模型形成力学模型，再由力学模型形成数学模型，在求解阶段选用动力分析求解方法。

1）模型搭建与参数

采用刚柔耦合的多体系统动力学仿真计算方法，把机身中段和机翼结构视作柔性体，把机身前段模拟件、机身后段模拟件和拦阻钩视作刚体，基于机械系统动力学软件 Adams，联合三维建模软件 CAD、Hypermesh 和有限元软件 Patran 与 MSC Nastran，根据地面拦阻冲击试验搭建刚柔耦合仿真计算模型，模型的材料属性如表 6‑1 所示。

表 6‑1　模型的材料属性

部件	材料	弹性模量/GPa	泊松比	密度/(g/cm³)
拦阻接头和后肋	30CrMnSiA	196	0.3	7.76
各框和纵梁	7050T7451	70	0.33	2.82
推力梁	7075T7351	71	0.33	2.799
蒙皮	LY12CZ	71	0.33	2.8

　　具体建模流程如下：在 CAD 中建立机身中段几何模型，导入 Patran 中划分的网格、设置的材料属性、定义的模态阶数，生成 BDF 文件，提交到 MSC Nastran 并计算得到机身中段的固有频率和各阶模态，将其视为由模态线性叠加得到的模型变形。在将构件离散成有限元模型时，要对每个单元和节点编号，以便节点位移按照编号组成一个矢量，该矢量由多个最基本而相互垂直的同维矢量通过线性组合构成，这里最基本的矢量是模型的模态，体现为各节点位移的比例关系，模态对应的频率是共振频率。利用单元的材料属性，可以在模态空间中通过模态线性叠加得到单元内部各节点的位移，进而计算出构件的应力和应变。通过 MSC Nastran 计算得到机身模态中性文件，再把模态中性文件导入 Adams，得到机身中段的柔性体。根据全机地面振动试验得到飞机在各阶振型下的结构阻尼系数，在 Adams 中采用 FXFREQ 函数添加各阶振型阻尼系数，最后得到含有机身结构阻尼的机身柔性体文件。针对所研究的试验模型特点，首先在 CAD 中建立机身前段、机身后段、机翼模拟件和拦阻钩的几何模型，在 Hypermesh 中设置重心点后生成 STP 文件，导入 Adams 中得到相关刚体部件，通过预先设置的 INT－NODE 点，使用固定副把刚体与柔性体连接起来，各部件的连接方式如表 6－2 所示。最后装配完整的刚柔耦合仿真计算模型，如图 6－24 所示。

表 6－2　模型各部件的连接方式

部件 1	部件 2	约束方式	约束自由度（平动，转动）	放开自由度
主承力试验件	机身前段模拟件	固定副	（3，3）	无
机身中后框	机身后段模拟件	固定副	（3，3）	无
机身拦阻接头	拦阻钩模拟件	旋转副	（3，2）	y 方向转动自由度

　　主承力试验件与机身前段模拟件固接，在机身前、后段模拟件下设置 4 个平移副代替试验件处于冲击状态时在滑轨上的滑动，根据试验得到要测试的机身在滑轨上运动所需要的推力，设置平移副的动摩擦和静摩擦系数分别为 0.06 和 0.05。得到航向自由状态仿真模型，如图 6－25 所示。

　　2）动力学分析载荷

　　对试验测得的动态冲击试验环境下的拦阻力进行光滑处理，消除毛刺后导入 Adams，通过 SPLINE 函数在拦阻钩头处施加拦阻力，方向沿拦阻钩的轴向。对典型试验工况进行仿真，仿真拦阻力与动态冲击试验拦阻载荷一致，曲线如图 6－23 所示。

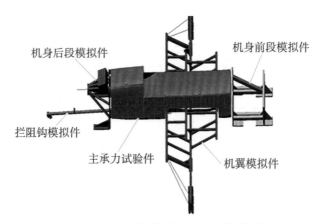

机身后段模拟件

机身前段模拟件

拦阻钩模拟件

主承力试验件

机翼模拟件

图 6 - 24　完整的刚柔耦合仿真计算模型图

图 6 - 25　航向自由状态仿真模型

3) 动力学数据选取点

为了与试验测量数据对比,进行动力学分析时加速度、应变关键点的选取与试验测量点位置相同,加速度关键点分布如图 6 - 26 所示,应变片测量点分布如图 6 - 27 所示,位移测量点分布如图 6 - 28 所示。

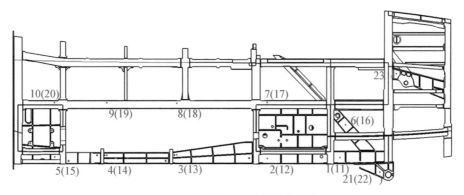

图 6 - 26　试验件加速度关键点分布图

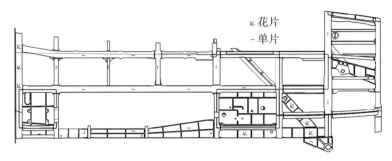

图 6‑27　应变片测量点分布图

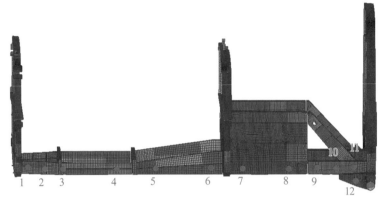

图 6‑28　位移测量点分布图

6.5.4　试验结果与仿真结果对比分析

1）过载

动态冲击状态下机身所有加速度测量点中位于拦阻钩接头处的过载最大。图 6‑29 所示为试验和仿真分析得到的该处过载对比曲线。

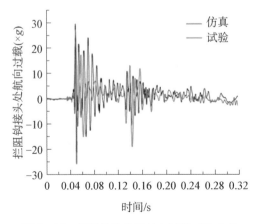

图 6‑29　拦阻钩接头处航向过载对比曲线

　　根据有限元仿真分析得到的机身测量点过载分布规律,提取仿真结果中 23 个测量点的航向过载峰值,分别对上、下两条路径的过载分布规律进行比较,给出了试验与仿真的过载峰值对比曲线,如图 6-30 所示。

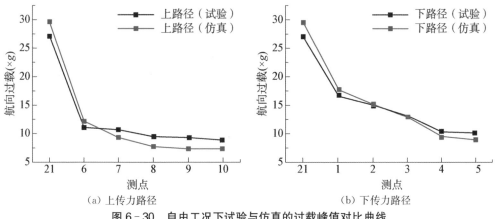

图 6-30　自由工况下试验与仿真的过载峰值对比曲线

　　由过载峰值对比曲线可以看出,机身航向过载峰值沿着机身逆航向逐渐衰减,从拦阻接头到左右两侧横梁存在航向过载骤降的现象,下降幅值达到 $11.5g$,减少了 40.7% 左右;对比上、下路径的过载峰值,发现拦阻接头处冲击能量通过主传力结构拦阻横梁和斜梁向机身前段框传递。传递过程可把拦阻接头处的冲击能量分为 3 部分,最主要的一部分能量仍然集中在机身下路径,第二部分能量转移到机身上路径,最后一小部分能量转化为机身垂向的过载,造成同一框上的上路径测量点的过载明显比下路径测量点的小,同一测量点的航向过载远大于法向过载。

　　2) 应变

　　对比试验与仿真两种环境下测量点的应变结果。首先对最大过载危险点拦阻接头处的应变进行分析,在试验与仿真两种环境下,通过应变片测量点换算得到的最大主应变和最小主应变的时程曲线如图 6-31 所示。

　　仿真结果得到的应变时程曲线变化规律与试验数据吻合较好,峰值基本一致,最大主应变峰值为 $580\,\mu\varepsilon$ 拉应变,最小主应变峰值为 $560\,\mu\varepsilon$ 压应变。

　　3) 应力

　　对机身中段盒段进行强度校核时,需要分析机身关键点的应力峰值与分布规律。根据地面拦阻模拟的结果,得到机身中段应变测量点的应力峰值分布曲线,如图 6-32 所示。

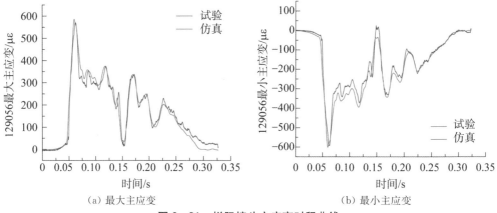

（a）最大主应变　　　　　　　　　　（b）最小主应变

图6‑31　拦阻接头主应变时程曲线

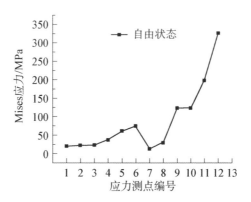

图6‑32　仿真应力测量点峰值分布曲线

从主传力结构下路径的应力分布情况可以看到,越靠近拦阻接头处的测量点应力越大,应力沿着机身逆航向逐渐衰减。供油箱壁板上的7、8号测量点的应力峰值明显比其他测量点的小,分析其原因如下:其他测量点都是在纵梁上,相对于7、8号测量点所在的壁板,在几何形状上存在相对应力集中,造成供油箱壁板上的应力峰值明显比其他测量点的峰值小的现象。

6.6　小结

本章提出了舰载飞机拦阻工况下考察机身结构强度的静力试验、静态冲击试验和动态冲击试验的方法、原理、方案和试验装置;介绍了通过三种不同的试验技术对舰载飞机拦阻着舰机身结构强度进行安全评估的优缺点。

　　本章以典型舰载无人机为例,进行了拦阻工况下机身结构的动态冲击试验和数值仿真计算分析。通过试验件设计、模拟件设计和试验装置设计,完成拦阻工况下机体结构动态冲击试验的地面模拟;得到了过载沿上路径和下路径变化趋势一致,从拦阻接头处向前过载峰值逐渐衰减的结论。通过对比试验数据与数值仿真结果,发现机身测量点的仿真过载峰值与变化趋势基本与试验数据一致,最大过载误差在 5% 左右,应变误差在 8% 以内,表明了应用刚柔耦合多体系动力学方法研究舰载飞机拦阻着舰问题的可行性。

第 7 章　典型舰载无人机弹射起飞动强度仿真分析

舰载无人机弹射起飞通常采用前轮牵引弹射方式。其工作模式是将舰载无人机置于弹射轨道上,其前起落架前端突出的弹射杆末端钩住滑槽底部的滑梭,前起落架向后突出的牵制杆通过张力销将舰载无人机与甲板固定。弹射起飞过程中,发动机推力和弹射杆的弹射力急速增加,当达到牵制杆上张力销的断裂载荷时,牵制杆与甲板断开,舰载无人机开始沿着弹射滑道向前运动,舰载无人机的速度在牵引力和发动机推力的作用下急剧增加,当弹射杆运动至滑槽末端时,弹射杆与滑梭分离,牵引力消失,此时舰载无人机以一个较大的速度在跑道上加速,直至达到离舰速度,舰载无人机升空。

本章以典型舰载无人机的机身结构、起落架装置、弹射杆和牵制杆为研究对象,分析其在地面弹射冲击加载下机身结构及其连接部位承受冲击载荷的能力、机身的运动轨迹,并在舰面摇晃及甲板风等条件下,进一步介绍对其在传力路径上的冲击响应特性的分析方法。

7.1　国内外研究现状

国外有关弹射起飞分析的相关文献较少公开发表,Clarke 和 Smith 在 20 世纪 70 年代给出了确定舰载飞机弹射起飞最小离舰速度的方法;Englebry 对滑跃起飞方式进行了理论和实验研究;Shrikant 提出了一种用来分析和控制飞机滑跃起飞姿态的研究方法。国内对舰载飞机弹射起飞仿真方法的研究始于 20 世纪 90 年代初。金长江等分析了舰载飞机弹射起飞过程中的动力学问题,讨论了飞机起飞瞬间的离舰姿态、安全离舰速度及离舰上升航迹等问题,其团队还利用已知的甲板形状曲线,建立了考虑甲板运动、起落架变形运动的完整飞机动力学方程,并讨论了航母纵摇和垂荡对起飞特性的影响；王维军和郭林亮建立了弹射起飞过程的全量多体系动力学仿真模型；徐燕使用 Matlab/Simulink 软件对舰载飞机滑跃起飞的过程进行了仿真分析，并将分析结果与基于 MSC Adams 建立的全机滑跃起飞虚拟样机的虚拟试验结果进行对比；孙师友和屈香菊首先提出了将弹射起飞与滑跃甲板结合的斜板/弹射综合起飞方式，并通过数值仿真对其特点进行了分析。

7.2　动强度分析流程

将前述章节开展的舰载飞机机身前段结构地面弹射冲击试验的结果与采用刚柔耦合的多体系动力学仿真方法对舰载飞机机身前段结构地面弹射冲击响应的仿真结果进行比较分析，验证了多体系统软件 Adams 联合 Patran、MSC Nastran 和 CATIA、Hypermesh 多种有限元软件，采用刚柔耦合模拟方法研究舰载飞机弹射动力学问题的可行性。在此基础上，根据第 4 章所给出的飞机结构动强度设计准则进行动强度分析，基本流程如图 7-1 所示。

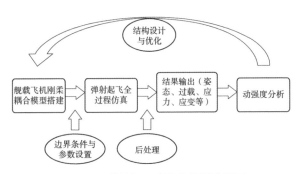

图 7-1　弹射起飞动强度分析流程图

本章基于刚柔耦合的多体系动力学仿真分析方法，以典型的 3 t 级舰载无人机为例，搭建了含有舰载无人机整机机身、完整起落架、弹射杆和牵制杆的舰载无人机弹射仿真分析模型。得到的机身结构动响应仿真结果为确定舰载无人机地面冲击试验方法提供参考，为弹射起飞过程中进行飞机结构动响应预测、计算分析提供依据，并为飞机结构设计及动强度校核提供数据支撑。

7.3　边界条件与参数设置

本节弹射仿真强度分析包括平衡、牵制杆张紧、牵制杆断开和弹射滑跑四个阶段。在仿真过程中只考虑起落架弹簧力、阻尼力、轮胎与甲板的接触力、发动机推力、弹射牵引力和重力,忽略气动力。

仿真模型参数如表 7-1 所示。

表 7-1　仿真模型参数

模型参数	设计值
机体质量	3 000 kg
弹射杆与甲板航向夹角	24°
牵制杆与甲板航向夹角	16°
牵制力	25 000 N
发动机推力	9 000 N
弹射力	65 000 N

(1)起落架弹簧力与油液阻尼力的仿真设置。

在第 4 章中对油气式起落架力学模型进行了简化,缓冲力可以等效为外筒和内筒之间的空气弹簧力和油液阻尼力。前起落架和主起落架的空气弹簧力与缓冲器压缩量之间的关系、油液阻尼力与压缩速度之间的关系由试验数据得到。仿真分析过程中起落架的空气弹簧力与油液阻尼力试验数据如图 7-2 所示。

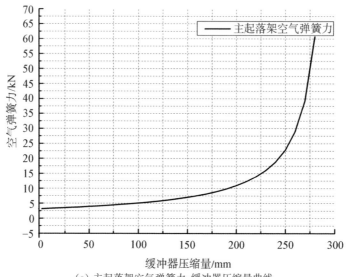

(a)主起落架空气弹簧力-缓冲器压缩量曲线

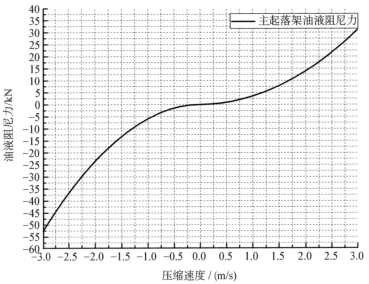

（b）主起落架油液阻尼力-压缩速度曲线

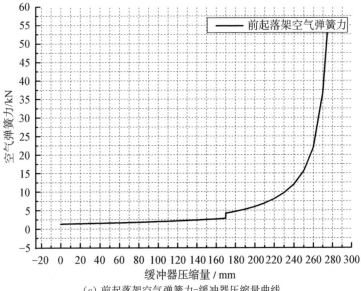

（c）前起落架空气弹簧力-缓冲器压缩量曲线

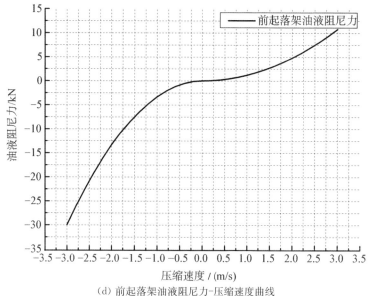

（d）前起落架油液阻尼力-压缩速度曲线

图 7-2　起落架缓冲力试验曲线

在 Adams 中分别用速度函数 VZ 和位移函数 DY 表示缓冲器压缩速度与缓冲器压缩量。空气弹簧力与油液阻尼力的施加函数如下：

$$油液阻尼力 = CUBSPL[-VZ(Marker\_4, Marker\_5, Marker\_5), 0, Spline\_1, 0]$$

$$空气弹簧力 = CUBSPL[518.56 - DZ(Marker\_4, Marker\_5, Marker\_5), 0, Spline\_2, 0]$$

得到如图 7-3 所示的添加完空气弹簧力与油液阻尼力的起落架缓冲力模型图。

（a）前起落架

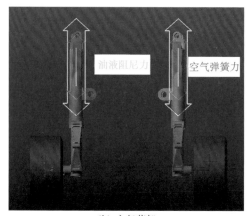

（b）主起落架

图 7-3　起落架缓冲力模型图

（2）弹射力与牵制力的仿真设置。

前起落架上牵制杆和弹射杆模型如图 7-4 所示。牵制力是牵制杆与地面固定约束之间的约束反力，在机身与弹射系统中属于内力。在用 Adams 建模仿真的过程中，其与地面的连接方式采用一个固定副模拟，并通过添加的传感器监测施加于固定约束副中的内力。当这个内力达到牵制力预设值（25 000 N）时，放开固定约束模拟张力销断裂，从而实现牵制杆与地面脱离。传感器与监测约束内力的具体设置如图 7-5 和图 7-6 所示。

图 7-4　前起落架装置图

图 7-5　弹射过程中监测约束内力设置

为使全机结构在起落架空气弹簧力和油液阻尼力的作用下达到静平衡，在 Adams 中设置机身与路面平衡阶段的时间为 2 s，随后在弹射杆上施加牵引力。设置牵引力由 0 N 增加到 60 010 N 的时间为 0.5 s。发动机推力由 0 N 增至 9 800 N 的时间为 0.2 s。

7.4　仿真结果分析与处理

在 7.3 节中对边界条件与环境参数进行设置的基础上，采用模态叠加法求解其动力响应，根据计算设备性能及分析需要，设置计算步长及模拟时间（如计算步长设置为 1×10^{-4} s，计算时间设置为 5 s），进行动力学仿真。本节简要给出某仿真结果并对其进行分析。

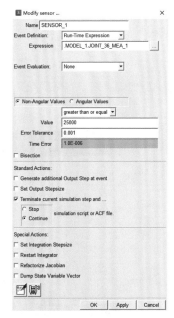

图 7-6　弹射计算中传感器设置图

7.4.1　机身姿态仿真结果分析

仿真所得到的舰载飞机弹射过程的运行状态图如图 7 - 7～图 7 - 10 所示。

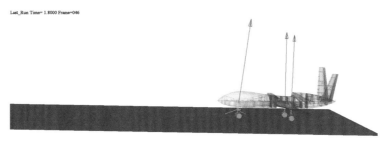

图 7 - 7　舰载飞机弹射:平衡阶段

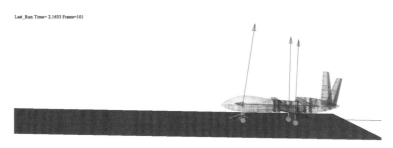

图 7 - 8　舰载飞机弹射:牵制杆张紧阶段

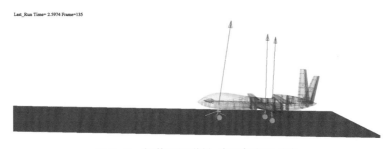

图 7 - 9　舰载飞机弹射:牵制杆断开阶段

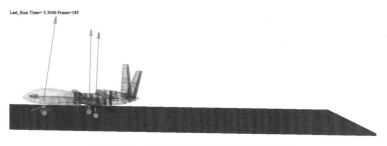

图 7 - 10　舰载飞机弹射:弹射滑跑阶段

仿真所获得的机身质心处的航向加速度、航向速度、航向位移随时间变化的曲线如图 7-11～图 7-13 所示。

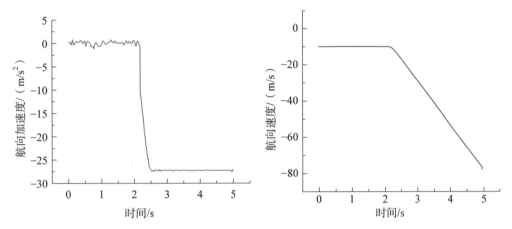

图 7-11　质心航向加速度随时间变化曲线　　　图 7-12　质心航向速度随时间变化曲线

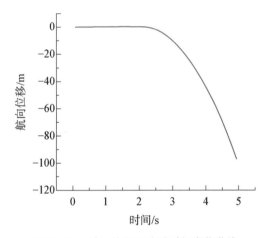

图 7-13　质心航向位移随时间变化曲线

从图 7-11～图 7-13 可知,机身质心处的航向加速度在稳定阶段达到了 27 m/s^2,速度在运行 5 s 内达到了 74.2 m/s,此速度满足该典型舰载无人机的弹射起飞要求,此时质心的位移为 96.9 m。

7.4.2　机身过载仿真结果分析

舰载无人机在弹射过程中受到短时间历程、峰值较大的牵引力和牵制杆的位移限制作用。为了解弹射过程中机身可能出现的过载危险点,在所搭建的仿真机身模型的框梁连接处选取若干过载关键点,包括加强框与主梁的连接点、机身前段的设备点、机翼与机身的连接点等,如图7-14所示。

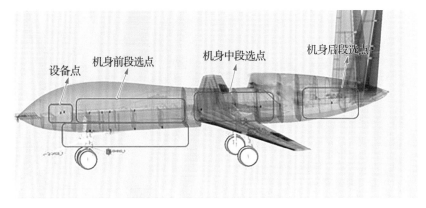

图7-14　机身过载关键点

牵制杆上的力传感器的牵制力仿真结果如图7-15所示。

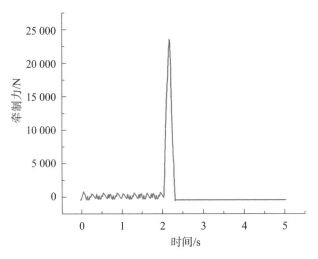

图7-15　牵制杆上的力传感器的牵制力仿真结果

由图7-15可知,牵制杆在2.17s时,约束内力达到预设牵制力25000N,牵制杆迅速与地面脱离,舰载无人机开始沿弹射跑道加速运动。在此过程中根据机身前、中、后段划分,对其相应的过载关键点进行考察。

1）机身前段过载关键点的过载仿真结果分析

表7-2所示为机身前段加强框与主梁连接处下侧关键点的过载峰值。机

身前段全部过载关键点的过载时程曲线变化规律基本一致,在此以某典型点为例,给出其仿真过载时程曲线,如图 7－16 所示。

表 7－2　机身前段过载关键点坐标及过载峰值

典型航向过载关键点编号	x/mm	y/mm	z/mm	过载峰值
1	200.0	1 800.0	−460	$4g$
2	200.0	3 000.0	−460	$3g$
3	200.0	3 600.0	−460	$2.7g$
4	200.0	1 800.0	0.0	$6g$
5	200.0	2 100.0	0.0	$5.3g$
6	200.0	3 000.0	0.0	$2.7g$

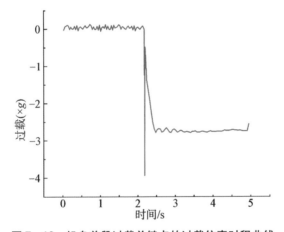

图 7－16　机身前段过载关键点的过载仿真时程曲线

在表 7－2 中,编号为 1、2、3 的三点为加强框与主梁的下侧连接点,其过载峰值分别为 $4g$、$3g$、$2.7g$;编号为 4、5、6 的三点为加强框与主梁的上侧连接点,其过载峰值分别为 $6g$、$5.3g$、$2.7g$。通过比较它们的过载峰值可以发现,过载峰值沿着机身方向有明显递减的趋势,且加强框与主梁的上侧连接点处过载比下侧连接点处的要大,所有过载峰值均在牵制杆脱离甲板的瞬间出现。

过载峰值在弹射状态下机身允许的过载范围内,同时过载峰值持续时间极其短暂,可判定其对机身结构不会产生结构性破坏。

2) 机身中段过载关键点的过载仿真结果分析

机身中段过载关键点的过载峰值仿真结果如表 7－3 所示。

表 7-3　机身中段过载关键点坐标及过载峰值

机身中段关键点编号	x/mm	y/mm	z/mm	过载峰值
7	700.0	4 500.0	0	2.7g
8	700.0	6 000.0	0	2.7g

　　由于机身中段过载关键点的位置相对于前段的关键点更靠近飞机质心位置,因此中段关键点的航向过载峰值仿真结果小于前段关键点的过载峰值仿真结果。以某典型点为例,关键点的仿真过载时程曲线如图 7-17 所示。

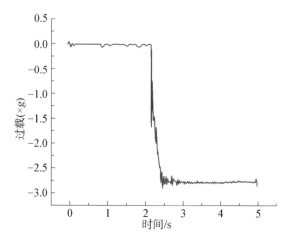

图 7-17　机身中段过载关键点的仿真过载时程曲线

　　对比图 7-16 和图 7-17 可以看出,中段关键点的过载峰值出现时刻要滞后于前段关键点的过载峰值出现时刻。中段关键点与前段关键点存在航向位移差,导致前起落架上的力冲击波传递到机身中段需要一定时间,机身中段关键点在稳定阶段加速度达到 2.7g。

　　3) 机身后段过载关键点的过载仿真结果分析

　　表 7-4 所示为机身后段加强框与主梁连接处下侧关键点的过载峰值,其过载时程曲线如图 7-18 所示。

表 7-4　机身后段过载关键点坐标及过载峰值

后机身关键点编号	x/mm	y/mm	z/mm	过载峰值
9	680.0	8 000.0	4	2.7g

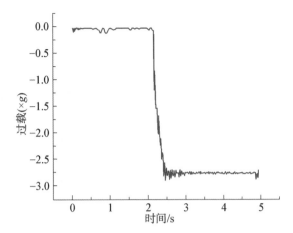

图 7‑18　机身后段过载关键点的过载仿真时程曲线

7.5　加载速率对弹射过程机身各段过载的影响

与传统舰载飞机不同,舰载无人机机体尺寸及总重量较小。在弹射过程中,其机体更容易受到弹射力的影响,在高加载速率下的弹射仿真过程中,尤其需要注意舰载无人机的机体强度问题。

本节研究在牵制力为 60 000 N 的条件下,不同弹射力加载速率对舰载无人机弹射仿真结果的影响。仿真过程设置的不同弹射力加载速率的工况如表 7‑5 所示,其他参数的设置与 7.3 节保持一致。

表 7‑5　不同弹射力加载速率工况

工况编号	弹射力由 0 增至最大所用时间 t/s
1	0.2
2	0.5
3	0.8
4	1

7.5.1　不同加载速率下机身前段过载关键点过载的仿真结果

4 种加载速率下,表 7‑2 所示的机身前段加强框与主梁处关键点的过载仿真结果如图 7‑19～图 7‑24 所示。

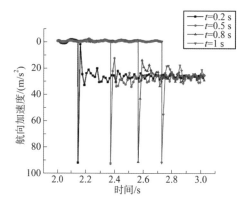

图 7-19　不同加载速率下关键点 1 的
过载仿真结果

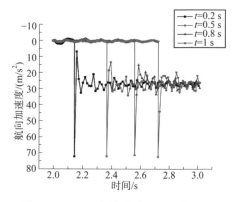

图 7-20　不同加载速率下关键点 2 的
过载仿真结果

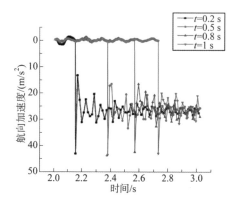

图 7-21　不同加载速率下关键点 3 的
过载仿真结果

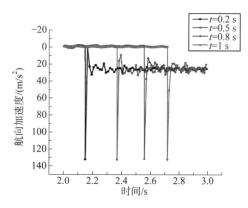

图 7-22　不同加载速率下关键点 4 的
过载仿真结果

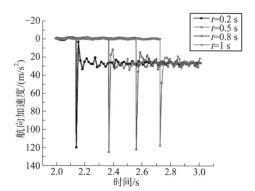

图 7-23　不同加载速率下关键点 5 的
过载仿真结果

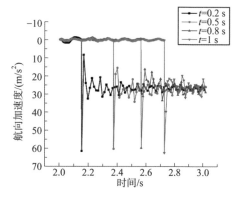

图 7-24　不同加载速率下关键点 6 的
过载仿真结果

由图 7-19～图 7-24 可见,不同加载速率对机身前段框与主梁连接处关键点的过载峰值没有明显影响,但是不同加载速率下过载关键点达到峰值的时间发生了变化,加载速率越快,过载峰值出现得越早。过载仿真结果随时间变化的规律也没有因为加载速率不同而发生变化,仍然是在牵制杆与前起落架脱离瞬间产生最大过载,随后在恒定牵引力和发动机推力的作用下,稳定地上下波动。

7.5.2　不同加载速率下机身中段过载关键点的过载仿真结果

4 种不同加载速率下机身中段过载关键点的过载仿真结果如图 7-25 和图 7-26 所示。

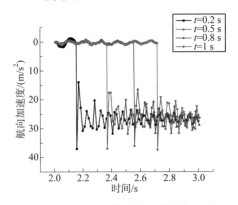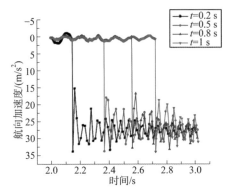

图 7-25　不同加载速率下关键点 7 的　　图 7-26　不同加载速率下关键点 8 的
　　　　　过载仿真结果　　　　　　　　　　　　过载仿真结果

把中段关键点的过载仿真结果与机身前段上框梁连接处关键点的过载仿真时程曲线进行对比,发现两者的变化规律基本一致:过载峰值受加载速率影响不大,过载峰值的出现时刻与加载速率成反比;由于中段关键点更加靠近飞机质心,关键点区域的质量相比于前段关键点要大,其运动状态不容易改变,所以中段关键点的过载峰值小于前段关键点的过载峰值。

7.5.3　不同加载速率下机身后段过载关键点的过载仿真结果

表 7-4 所示的机身后段过载关键点在不同加载速率下的过载仿真结果如图 7-27 所示。

可以看到,不同的加载速率对过载峰值的大小影响不大,但是会影响过载达到峰值的时间,加载速率越大,达到峰值的时间就越早;加载速率越小,达到峰值的时间就越迟。

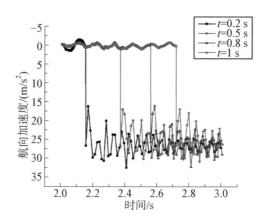

图7‑27　不同加载速率下测量点9的过载仿真结果

分析可得,后段关键点的仿真过载峰值普遍小于前段和中段关键点的过载峰值,考虑到弹射过程中引起过载改变的力冲击波主要来自牵制杆和弹射杆,而它们都是与舰载无人机前起落架连接的杆件,所以弹射过程中的冲击能量是由机身前段向后段传递的。因为机身阻尼的影响,冲击能量在向后传递的过程中存在衰减的现象,造成了机身后段过载关键点的过载峰值偏小。

7.6　弹射过程中机身应力、应变分析

7.6.1　机身应力分析

通过 Adams 后处理中的应力模块,可按应力大小输出机身在弹射过程中的应力热点,如表7‑6所示。查看应力热点的坐标可知,应力较大的热点,主要分布在机身前段与起落架连接的部位,以及机身中段处。机身前段最大应力约为395 MPa,机身中段最大应力约为485 MPa,机身后段最大应力约为352 MPa。

表7‑6　应力热点

应力热点编号	应力/MPa	时间/s	坐标		
			x/mm	y/mm	z/mm
1	485.319	2.438 75	−750	4 800	300
2	394.652	1.335 21	440	4 000	−50
3	376.044	1.335 21	−440	4 000	−50
4	352.090	0.656 514	490	8 400	590

（续表）

应力热点编号	应力/MPa	时间/s	坐　标		
			x/mm	y/mm	z/mm
5	350.588	12.557 70	−700	4 630	32.345
6	342.364	1.123 58	580	8 660	421.257
7	335.195	1.123 58	580	3 660	318.573
8	322.113	1.335 21	−440	3 810	−147.477
9	303.854	1.335 21	440	3 810	−147.477
10	301.966	1.335 21	−400	3 810	−100.795
11	297.072	2.557 70	−700	4 630	115
12	296.840	1.335 21	−400	3 870	−64.970
13	286.389	1.335 21	400	3 810	−100.795
14	274.510	1.113 50	420	9 970	648.930
15	265.840	2.535 65	−1 000	4 630	−255.104
16	263.826	1.335 21	440	3 930	60.983
17	260.220	1.335 21	−440	3 930	60.983
18	256.117	1.335 21	440	3 950	103.788
19	254.749	1.335 21	−440	3 400	−91.610
20	251.639	1.335 21	−440	3 900	−142.787
21	251.012	1.123 58	390	8 660	665 808
22	245.206	1.335 21	450	3 870	−159.989
23	242.902	2.433 71	−880	4 630	285
24	241.459	2.557 70	−830	4 630	29.681
25	237.741	1.335 21	−430	3 820	−43.217
26	234.540	1.335 21	−430	3 810	−46.877
27	233.039	1.335 21	−430	4 000	−7.853
28	225.815	1.335 21	430	3 800	−43.217
29	225.699	1.335 21	−430	3 700	−183.500
30	225.120	1.335 21	430	3 900	−7.853

　　部分应力热点的应力时程曲线如图 7 - 28～图 7 - 30 所示,从图中可见,应力也随着弹射牵引力的波动而振荡。

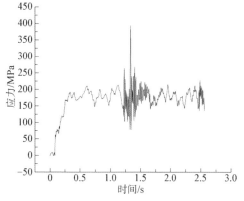

图 7-28　应力热点 2 的应力时程曲线

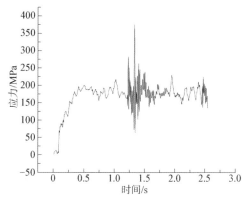

图 7-29　应力热点 3 的应力时程曲线

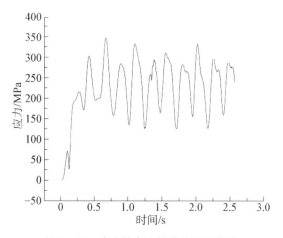

图 7-30　应力热点 4 的应力时程曲线

如图 7-28 所示,应力热点 2 位于机身前段,最大应力约为 395 MPa,在该点的应力时程曲线中,0~1 s,曲线的振动形式与加载曲线的振动形式类似;在 1.2 s 左右,应力出现一些较大的峰值,其规律体现如下:

(1) 与机身的过载传递类似,机身的应力传递也需要时间,相对过载而言,应力的响应峰值出现略滞后。

(2) 曲线的振荡与加载曲线形式有关,也与机身动态模拟过程有关。

如图 7-29 所示,应力热点 3 位于机身前段,最大应力约为 376 MPa,在该点的应力时程曲线中,0~1 s,曲线的振动形式与加载曲线的振动形式类似;在 1.2 s 左右,应力出现一些较大的峰值。

如图 7 - 30 所示,应力热点 4 位于机身后段,最大应力约为 352 MPa,在该点的应力时程曲线中,曲线呈现有规律的振动,此时对应舰载飞机在自身重量和起落架、轮胎的共同作用下,呈现有规律的振动,在舰载飞机的尾翼和侧翼所观察到的振动更为明显,与起飞工况及舰载飞机固有频率密切相关,在分析设计中需对此类现象予以注意。

7.6.2　机身应变分析

通过 Adams 后处理中的应变模块,可按数值大小顺序输出机身在弹射过程中的应变热点,如表 7 - 7 所示。应变较大值主要分布在机身前段与起落架连接的部位以及机身中段处,机身前段最大应变可达约 0.007 6。输出应变最大的 30 个点中并无分布在机身中段的点,因此机身中段最大应变要小于 0.003 3。机身后段某些点的应变出现规律性的振动,其原因与应力振动原因相同,机身后段只有个别点应变稍大,均是由结构振动引起的。

表 7 - 7　应　变　热　点

应变热点编号	应变	时间/s	坐　标		
			x/mm	y/mm	z/mm
1	0.013 532 70	0.413 078	597	8 484	590
2	0.007 603 33	0.493 702	431.5	3 913.61	−43.519
3	0.007 372 76	0.342 532	−431.5	3 913.61	−43.519
4	0.006 766 33	0.413 078	597	8 572	590
5	0.005 050 62	0.342 532	−431	3 871.80	−159.989
6	0.004 904 00	0.337 493	−431	3 939.77	−142.787
7	0.004 471 95	0.493 702	431	3 704.04	−183.5
8	0.004 445 59	0.408 039	−431.5	2 460.08	−181.875
9	0.004 407 28	0.342 532	−431	3 704.04	−183.5
10	0.004 358 21	0.337 493	431.5	2 460.08	−181.875
11	0.033 303 30	0.407 077	−431.5	2 496.89	−240.37
12	0.004 329 51	0.408 039	431	3 609.30	−264.002
13	0.004 281 36	0.407 077	−431	3 609.30	−264.002
14	0.004 246 17	0.407 077	431.5	2 496.89	−240.37
15	0.003 959 77	0.408 039	431	3 691.44	−264.99

(续表)

应变热点编号	应变	时间/s	坐　标		
			x/mm	y/mm	z/mm
16	0.003 940 81	0.342 532	−431.5	3 871.80	−64.970
17	0.003 921 26	0.407 077	−431	3 691.44	−264.99
18	0.003 883 82	0.407 077	431.5	4 019.95	−785.252
19	0.003 777 53	0.342 532	−431	3 790	−123.061
20	0.003 773 98	0.408 039	431	3 609.30	−345 564
21	0.003 755 25	0.342 532	431	3 790	−183.5
22	0.003 735 50	0.407 077	−431	3 609.30	−345.564
23	0.003 719 77	0.408 039	431	3 361.07	−261.749
24	0.003 716 94	0.493 702	431	3 810	−147.477
25	0.003 691 28	0.407 077	−431	3 361.07	−261.749
26	0.003 677 54	0.493 702	431	3 810.02	−265.567
27	0.036 467 60	0.408 039	431	3 361.11	−343.863
28	0.003 638 52	0.342 532	−431	3 810	−147.477
29	0.003 616 97	0.342 532	−431	3 361.11	−343.863
30	0.003 458 92	0.408 039	431	3 691.34	−344.969

　　机身高应变区主要分布在机身前段和机身中段处,最大应变约为 0.013 5。部分点的应变时程曲线如图 7-31 和图 7-32 所示。考虑振动对应变的影响,取应变稳定值作为分析应变值。

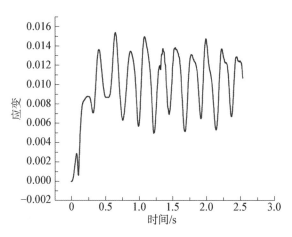

图 7-31　应变热点 1 的应变时程曲线

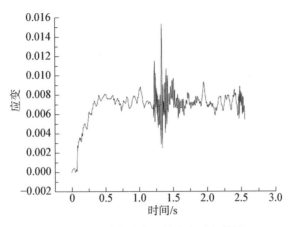

图 7-32　应变热点 2 的应变时程曲线

如图 7-31 所示,应变热点 1 位于机身后段,最大应变约为 0.013 5,在该点的应变时程曲线中,曲线呈现有规律的振动。如图 7-32 所示,应变热点 2 位于机身前段,最大应变约为 0.007 6,峰值出现时刻略滞后于该点过载峰值出现时刻。

7.6.3　机翼部分应变分析

相比于机身应变,本算例中机翼上大部分点的应变均很小,这里选取左右翼的对称位置上各 4 个点(见表 7-8 和表 7-9),它们的应变大小均在 100 左右,可验证弹射起飞过程中沿机身纵轴的对称性。

表 7-8　右机翼选点			表 7-9　左机翼选点		
应变热力点编号	坐标(x, y, z)/mm	节点	应变热力点编号	坐标(x, y, z)/mm	节点
1	2 001, 8 212, 255	400 495	5	2 001, 8 212, 255	402 398
2	2 351, 8 212, 252	400 502	6	2 351, 8 212, 252	402 409
3	2 700, 8 212, 249	400 471	7	2 700, 8 212, 249	402 406
4	2 001, 8 660, 54	400 080	8	2 001, 8 660, 54	402 031

图 7-33 和图 7-34 所示分别为热点 4 和热点 5 的应变时程曲线,可见机翼应变时程曲线的振动比机身上的曲线振动要剧烈很多,也可以观察到有规律的振动。

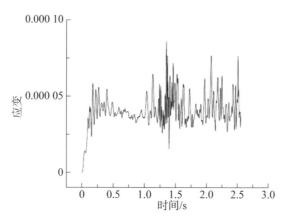

图 7‒33　应变热点 4 的应变时程曲线

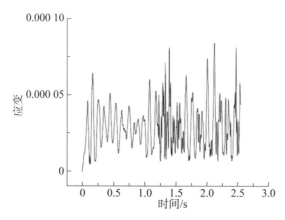

图 7‒34　应变热点 5 的应变时程曲线

7.7　舰面摇晃对舰载无人机弹射的影响

舰载无人机在舰上弹射起飞的过程容易受到舰面摇晃的影响。目前国内相关理论较为缺乏。美国在 1968 年通过调查记录 5 架舰载无人机在甲板上起飞的情况,总结出了一套模拟、计算舰面摇晃的方法。该方法显示,当航母在海面上航行时会产生 6 个自由度的运动,其中以横摇、垂荡和纵摇的影响最为显著,尤其是横摇、纵摇现象。本节以横摇和纵摇运动为例,讨论其对舰载无人机弹射起飞的影响。

1）侧风环境设置

航空母舰在海面航行时最常遇见的海况为中等海况,本次仿真工况考虑在

中等海况下进行侧风环境的舰载无人机拦阻着舰仿真。在中等海况下,将侧风
设置为恒定风速 10 m/s、方向与 y 轴平行,风速风压计算公式为

$$\omega_0 = v_0^2 / 1\,600 \tag{7-1}$$

式中: ω_0 为风压,单位为 kN/m^2; v_0 为风速,单位为 m/s。

　　计算得到的舰载无人机机身侧向最大截面即为风压作用面,面积为
22.408 1 m^2,风压乘以侧风作用面积得出此风速下的侧向力为 1 400 N,然后在
Adams 中定义单向力,并将其集中加载在机身重心处,方向沿着 y 轴正向。

　　2) 纵摇环境设置

　　航母在海上受到风浪等因素的影响,产生六自由度的运动,一般包括沿航母
三坐标轴的直线运动(纵荡、横荡、沉浮)和围绕三坐标轴的旋转运动(横摇、纵
摇、偏航)。

　　纵摇是指绕着舰体 x 轴的转动,纵摇运动形式如图 7-35 所示。在本节的
仿真模拟中,航母在以 15.44 m/s 的典型速度行驶时,中等海况下的甲板纵摇运
动模型为

$$\theta_s = 0.5\sin(0.6t) + 0.3\sin(0.63t) + 0.25 \tag{7-2}$$

式中:单位为(°)。

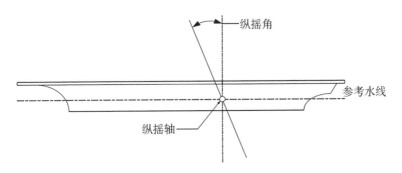

图 7-35　航母纵摇运动形式

　　在 Adams 中设置路面沿着 x 轴的旋转副,添加函数为纵摇运动模型的作用
函数,以此来模拟航母发生纵摇运动对舰载飞机拦阻着舰的影响。

　　3) 横摇环境设置

　　横摇是指舰体沿着 y 轴的旋转运动,其幅度比纵摇大。在本次工况模拟
中,根据相关文献,给出航母在以 15.44 m/s 的典型速度行驶时,中等海况下的
甲板横摇运动模型:

$$\phi_s = 2.5\sin(0.5t) + 3.0\sin(0.52t) + 0.5\omega_h \tag{7-3}$$

式中:单位为(°);ω_h 为初始相位占比值,范围为 0~1。航母横摇运动形式如图 7-36 所示。

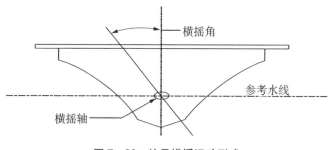

图 7-36　航母横摇运动形式

在 Adams 中设置路面沿着 y 轴的旋转副,添加函数为横摇运动模型的驱动函数,模拟航母横摇运动对舰载飞机着舰的影响。

7.7.1　舰面纵摇下机身过载结果分析

1) 舰面纵摇下弹射仿真参数设置

假设纵摇运动模型的周期是 4 s,初始相位角为 0°。

设牵制杆的断开力为 59 000 N,仿真过程中牵制杆上的力传感器时程曲线如图 7-37 所示。

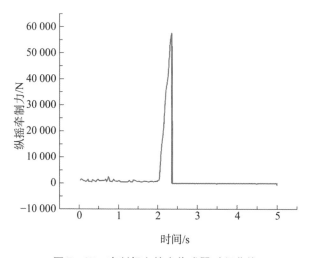

图 7-37　牵制杆上的力传感器时程曲线

2）机身前段航向过载仿真结果分析

为考察舰载无人机在舰面纵摇条件下的弹射过程中对应点处的过载情况，在机身前段加强框与主梁连接处下侧取点，比较其过载峰值情况，机身前段过载关键点及过载峰值结果如表 7-10 所示。机身前段加强框与主梁下侧连接处的关键点过载峰值分别为 $9.2g$、$7.1g$、$4.4g$；机身前段加强框与主梁上侧的连接处关键点过载峰值分别为 $13.1g$、$12.3g$、$6.2g$。

表 7-10　机身前段过载关键点及过载峰值结果

典型航向过载关键点编号	x/mm	y/mm	z/mm	过载峰值
1	200.0	1 800.0	−460	$9.2g$
2	200.0	3 000.0	−460	$7.1g$
3	200.0	3 600.0	−460	$4.4g$
4	200.0	1 800.0	0.0	$13.1g$
5	200.0	2 100.0	0.0	$12.3g$
6	200.0	2 800.0	0.0	$6.2g$

由表 7-10 中可见，上侧连接处关键点的航向过载峰值大于下侧连接处关键点的过载峰值，这是因为上侧连接处关键点更靠近前起落架加强杆，而前起落架对机身的大部分冲击能量会通过加强杆传递到机身前段的框梁连接处。对比过载时程曲线仿真结果，上侧及下侧关键点均在机身脱离牵制杆约束，开始沿弹射滑道运动时，达到航向过载峰值，随后便衰减到一固定值，上下振荡。

3）机身中段航向过载仿真结果分析

机身中段两点航向过载峰值结果如表 7-11 所示，其过载峰值分别为 $3.9g$、$3.5g$。图 7-38 和图 7-39 所示分别为关键点 7 和关键点 8 航向过载时程曲线。

表 7-11　机身中段过载关键点及坐标

典型航向过载关键点编号	x/mm	y/mm	z/mm	过载峰值
7	700.0	4 500.0	0	$3.9g$
8	700.0	6 000.0	0	$3.5g$

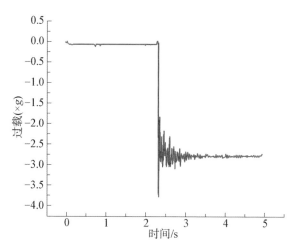

图 7 - 38　关键点 7 航向过载时程曲线

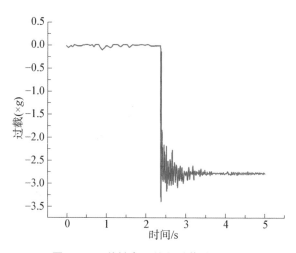

图 7 - 39　关键点 8 航向过载时程曲线

　　由于机身中段过载关键点更加靠近飞机质心，其关键点区域质量更大，因此机身中段过载关键点的航向过载峰值比机身前段过载关键点的过载峰值小，关键点的航向过载时程曲线变化规律仍然保持一致。

　　4）机身后段航向过载仿真结果分析

　　机身后段某关键点的航向过载时程曲线如图 7 - 40 所示。

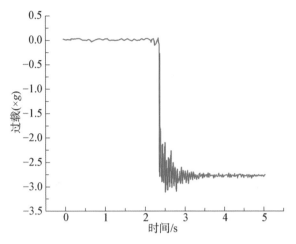

图 7‑40　关键点 9 过载时程曲线

图 7‑41 所示为无舰面摇晃工况下的机身航向过载与考虑纵摇运动模拟下的机身航向过载对比。可见舰面纵摇对机身航向过载的影响很小，纵摇使机身过载增大的范围为 0～0.3g。

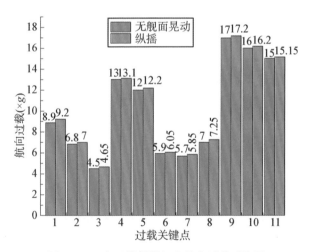

图 7‑41　有无纵摇的机身航向过载对比图

7.7.2　舰面横摇下机身过载结果分析

设航母横摇的周期与纵摇相同，选取的机身前段过载关键点坐标如表 7‑12 所示。过载关键点的位置分布如图 7‑42 所示。

表7-12　机身前段过载关键点坐标

关键点编号	x/mm	y/mm	z/mm	关键点编号	x/mm	y/mm	z/mm
1	150	1 370	0	7	150	2 240	0
2	610	1 370	0	8	150	2 430	0
3	150	1 740	0	9	650	2 430	0
4	640	1 740	0	10	0	2 840	0
5	150	2 060	0	11	650	2 840	0
6	640	2 060	0				

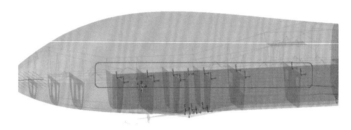

图7-42　机身前段过载关键点位置分布

　　将机身前段全部关键点在有横摇作用下的横向过载仿真结果与无横摇作用下的横向过载结果对比,得到横向过载对比曲线,如图7-43～图7-52所示。由于关键点10与关键点11航向站位相同,其过载时程曲线一致,因此未给出关键点11的过载时程曲线。

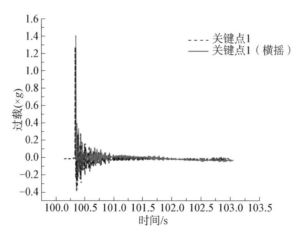

图7-43　关键点1横向过载对比

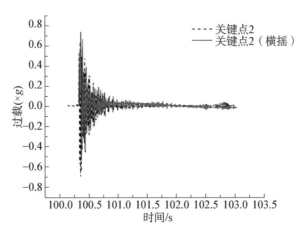

图 7‑44　关键点 2 横向过载对比

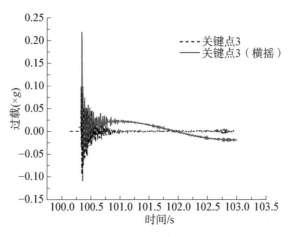

图 7‑45　关键点 3 横向过载对比

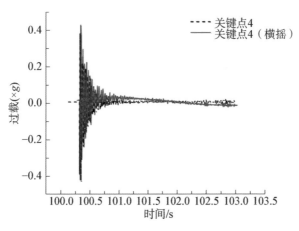

图 7‑46　关键点 4 横向过载对比

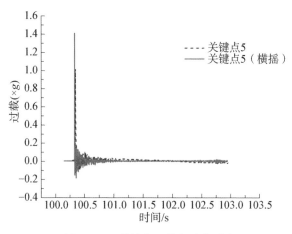

图 7‑47　关键点 5 横向过载对比

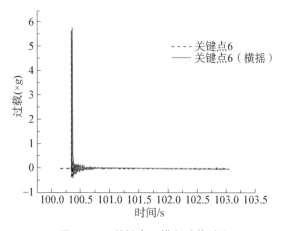

图 7‑48　关键点 6 横向过载对比

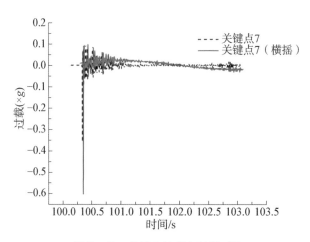

图 7‑49　关键点 7 横向过载对比

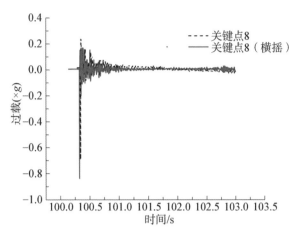

图 7‑50 关键点 8 横向过载对比

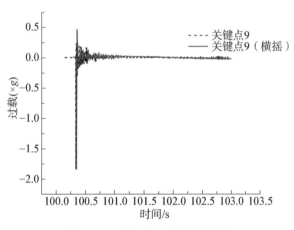

图 7‑51 关键点 9 横向过载对比

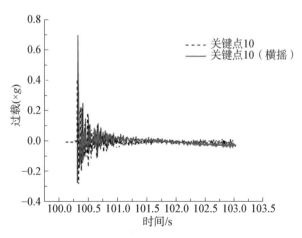

图 7‑52 关键点 10 横向过载对比

可以发现,舰面横摇会使舰载飞机横向过载有不同程度的增大,由于舰面横摇的影响,舰载无人机滑跑阶段的机身横向过载仍然有小幅波动。

对机身中段过载关键点的横向过载结果进行分析,机身中段过载关键点坐标如表 7‑13 所示,位置分布如图 7‑53 所示。

表 7‑13　机身中段过载关键点坐标

编号	x/mm	y/mm	z/mm
12	625	4 880.0	0
13	625.0	5 330.0	0

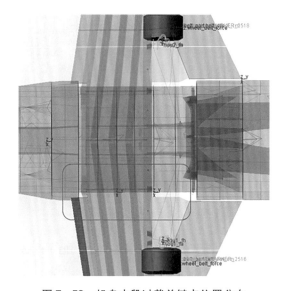

图 7‑53　机身中段过载关键点位置分布

图 7‑54 和图 7‑55 所示为机身中段过载关键点在有横摇作用和正常无摇晃工况下的横向过载结果对比曲线。

由图 7‑54 和图 7‑55 可见,舰面横摇对机身中段横向过载的影响很小,变化范围不超过 $0.1g$;对比机身前段在横摇影响下横向过载的变化范围,由于机身中段区域靠近机身质心位置,质量相对更大,因此机身中段的横向过载幅值变化没有机身前段大,滑跑阶段的横向过载曲线上下振幅也随之减弱。

由以上弹射仿真结果可知,舰面横摇对舰载飞机航向过载的影响很小,影响最大不超过 $0.3g$。同时,由于弹射过程中弹射杆的约束限制了舰载无人机航向的运动,因而进一步减弱了摇晃对机身航向过载的影响。

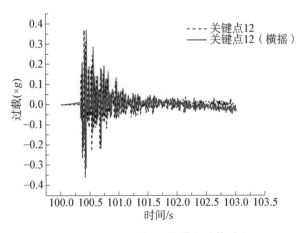

图 7 - 54　关键点 12 的横向过载对比

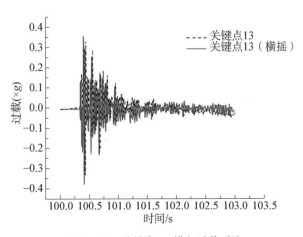

图 7 - 55　关键点 13 横向过载对比

7.8　甲板风对舰载无人机横向过载的影响

舰首气流采用计算流体力学(CFD)的方法进行分析,机身侧面的最大截面面积约为 $10.6\,\mathrm{m^2}$,仿真飞机模型侧视图如图 7 - 56 所示。正常情况下,海上的风速一般为 $0\sim15\,\mathrm{m/s}$,风压不小于 $0.25\,\mathrm{kN/m^2}$。本节预估风载荷对舰载无人机弹射的影响,将风载荷按集中载荷施加到机身上,取风速为 $15\,\mathrm{m/s}$,风压为 $0.25\,\mathrm{kN/m^2}$,计算得出风载荷大约为 $2\,650\,\mathrm{N}$。

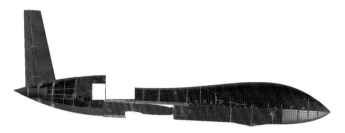

图 7-56　仿真飞机模型侧视图

在侧风环境的弹射仿真计算过程中,选取机身一侧航向上的过载关键点来分析其横向过载仿真结果,过载关键点分布如图 7-57 所示。

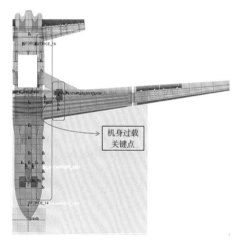

图 7-57　机身过载关键点分布图

机身过载关键点的编号及坐标如表 7-14 和表 7-15 所示。

表 7-14　机身前段过载关键点编号及坐标

关键点编号	x/mm	y/mm	z/mm
1	610	1 370	0
2	640	1 740	0
3	640	2 080	0
4	640	2 460	0
5	640	2 900	0
6	640	3 600	0

表 7-15　机身中后段过载关键点编号及坐标

关键点编号	x/mm	y/mm	z/mm
7	580	4 700	-90
8	580	4 900	-60
9	580	5 100	-40
10	600	6 400	-370

图 7-58~图 7-67 所示为有侧风工况与无侧风工况下机身横向过载对比。

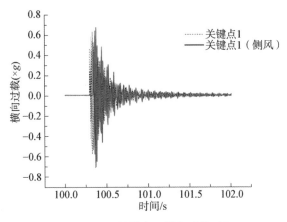

图 7-58　关键点 1 横向过载对比

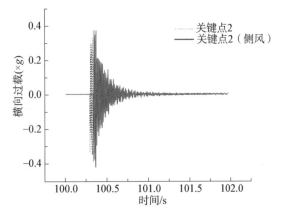

图 7-59　关键点 2 横向过载对比

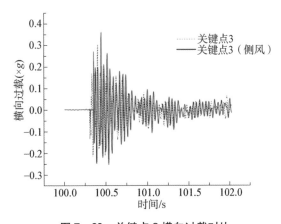

图 7-60　关键点 3 横向过载对比

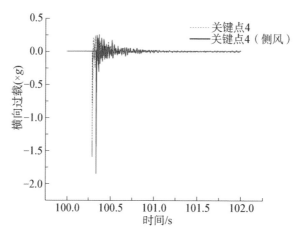

图 7‑61　关键点 4 横向过载对比

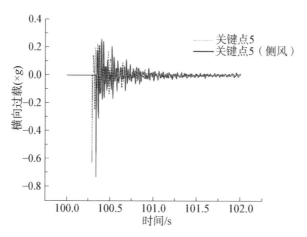

图 7‑62　关键点 5 横向过载对比

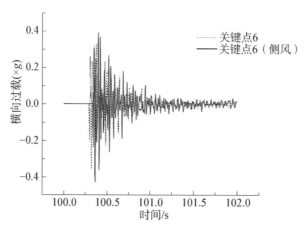

图 7‑63　关键点 6 横向过载对比

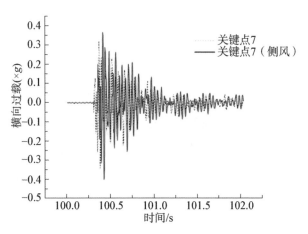

图 7－64　关键点 7 横向过载对比

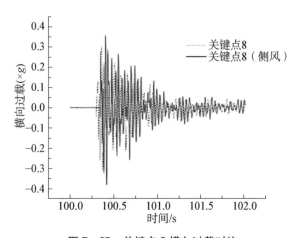

图 7－65　关键点 8 横向过载对比

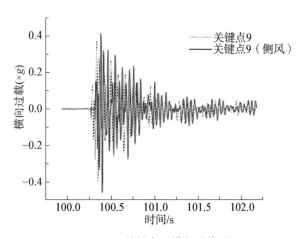

图 7－66　关键点 9 横向过载对比

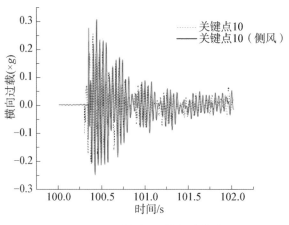

图 7 - 67　关键点 10 横向过载对比

　　由分析可知,在侧风的影响下,机身的横向过载有小幅度的增加,增加的范围为 $0\sim0.5g$;可知侧风对机身横向过载的影响不大;对比侧风过载与航向过载结果,发现侧风过载都在 $1g$ 以内,相对于航向过载的峰值可以忽略不计。

7.9　小结

　　本章介绍了典型舰载无人机弹射起飞工况全过程的动强度数值分析方法以及基于多体系动力学软件 Adams 进行建模;对弹射起飞全过程中机体姿态及在不同加载速率下机身各段的过载、应力、应变进行了讨论;对舰面纵摇、横摇及甲板风条件下的机身航向与横向过载进行了对比分析。过载是舰载无人机机体动强度分析的重要研究参数,集中体现了机体结构对弹射起飞过程中冲击荷载的响应规律。应力是动强度设计的依据。利用 4.1.1 节所述结构动强度设计准则,对数值分析所获得的应力结果进行分析处理,所得到的应力是机体结构设计的重要参考依据。

第8章 典型舰载无人机拦阻着舰动强度仿真分析

舰载无人机的拦阻着舰过程主要包括调整舰载无人机进场姿态、下放拦阻钩、拦阻钩挂索、着舰滑行、减速至零并停稳等过程。这一过程在极短时间内完成,稍有差错便可能造成严重后果,也是舰载无人机事故率最高的过程,需要在设计中重点关注。舰载无人机拦阻着舰速度大,气动载荷对舰载无人机着舰过程中的姿态有很大的影响,是决定舰载无人机能否安全着舰的关键因素之一。

本章以典型舰载无人机的机身结构、起落架及拦阻钩为研究对象,分析其在拦阻着舰过程中,在拦阻冲击载荷作用下,机体的运动轨迹、机体结构及相应连接部位的关键点过载、应力、应变,并进一步考虑非对称着舰及风浪作用的影响,介绍分析其在传力路径上的冲击响应特性的方法。

8.1 国内外研究现状

国外学者对舰载无人机拦阻着舰过程的仿真计算研究工作开展较早。Hsin给出了舰载无人机着舰后的二阶运动方程,利用数值仿真方法求解舰载无人机动响应的时间历程。Granda 和 Montgomery 采用美国麻省理工学院(MIT)的Paynter 教授提出的键合图方法对舰载无人机拦阻过程进行参数化建模与仿真,该方法大大减少了建模时间,提高了仿真计算效率,可以对舰载无人机拦阻着舰过程进行快速、准确的仿真计算。国内学者对舰载无人机着舰仿真的研究起步较晚,但发展迅速。宋景春等建立了飞机拦阻运动微分方程,通过求解数学模型分析液压拦阻器的拦阻性能。吴娟等建立重型舰载飞机拦阻系统的动力学模型,利用Simulink 仿真模拟舰载飞机拦停过程,分析舰载飞机参数和拦阻装置对拦阻性能的影响。李启明等建立了舰载飞机对中拦阻动力学模型,通过数值仿真分析舰载飞机的着陆质量和啮合速度对拦阻效果的影响。万晨利用 ANSYS 建立了MK7-3型拦阻装置,对刚柔耦合模型进行了动态特性研究。杨全伟实测了某舰载飞机拦阻着舰时的拦阻钩载荷,计算出拦阻功量及拦阻系统的效率,得到了三向载荷模型比常规单向载荷模型更具工程意义的结论。沈文厚等基于多体系动力学模型,研究拦阻索应力传播规律及峰值决定因素。刘成玉等构建了机身刚体、起落架缓冲和拦阻系统模型,通过仿真分析得到了拦阻系统的动响应。

8.2 动强度分析流程

基于第 4 章所介绍的刚柔耦合多体系动力学方法对中机身固定状态和自由状态的地面拦阻冲击试验的仿真模拟,表明了应用刚柔耦合多体系动力学方法研究舰载飞机拦阻着舰问题的可行性。本节以典型舰载无人机整机机身结构为研究对象,搭建了包括柔性体机身、起落架结构和拦阻钩装置在内的刚柔耦合模型,在此基础上,根据第 4 章所给出的飞机结构动强度设计准则进行动强度分析,分析其在地面拦阻冲击载荷下机身结构的过载和应变响应传递规律、拦阻过程中的飞机姿态变化和起落架轮胎响应,为机身结构强度设计提供参考,并为拦阻着舰分析及机身结构响应预测提供依据。拦阻着舰动强度分析的基本流程如图 8-1 所示。

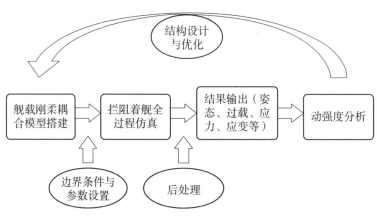

图 8-1 拦阻着舰动强度分析的基本流程

8.3 对中拦阻的边界条件与参数设置

舰载无人机在拦阻着舰过程中受到飞机重力、气动载荷、拦阻载荷、甲板冲击载荷及甲板摩擦力的耦合作用,其在复杂的强非线性载荷下的力学模型如图 8 - 2 所示。拦阻模型的笛卡儿坐标系原点位于机头顶点处,z 轴垂直向上,y 轴从机头指向机尾,其与机身轴线的夹角为飞机俯仰角,按照右手准则,x 轴与 yz 面垂直,方向为从右机翼指向左机翼。

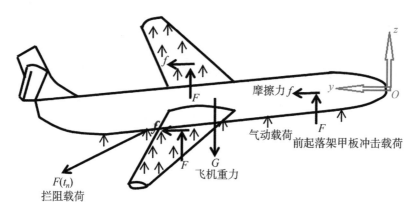

图 8 - 2　无人机拦阻着舰载荷模型

8.3.1　气动载荷建模

在拦阻着舰仿真过程中,考虑气动载荷对飞机的作用,可将气动载荷简化为以全量的形式向飞机机翼、机身及尾翼分段、分块施加。机翼和尾翼上的气动载荷由气动升力、气动阻力和气动俯仰力矩组成,其计算方法如下。

气动升力 L:

$$L = C_L QS \tag{8-1}$$

式中:C_L 为升力系数;S 为机翼参考面积;Q 为动压,$Q = 1/2\rho v^2$,其中 ρ 为空气密度,v 为飞机速度。

气动阻力 D:

$$D = C_D QS \tag{8-2}$$

式中:C_D 为阻力系数。

气动俯仰力矩 M:

$$M = C_m QS c_A \tag{8-3}$$

式中:C_m 为力矩系数;c_A 为机翼平均气动弦长。

在 Adams 中添加的气动力需要用到的函数如下。

(1) 数学函数 ASIN(X) 表示返回当前参数 X 的反正弦值。角度函数 AX (To Marker，From Marker) 是运行函数，实时返回坐标系 To Marker 相对于坐标系 From Marker 的 x 轴旋转的角度。

(2) 速度函数 VZ(To Marker，From Marker) 是运行函数，实时返回坐标系 To Marker 的原点相对于坐标系 From Marker 的原点的速度矢量在全局坐标系 z 轴上的投影。速度函数 VM(To Marker，From Marker) 是运行函数，实时返回坐标系 To Marker 的原点相对于坐标系 From Marker 的原点的速度矢量的幅值。

在多体系动力学软件 Adams 中建模，对飞机的机翼和尾翼施加气动载荷的方法如下。

气动力系数 C_{Lt}、C_{Dt}、C_{mt} 根据测压风洞试验数据插值获得，是与飞机的攻角相关的函数。由于飞机的攻角等于飞机的俯仰角减去飞机下滑角，因此，利用角度函数 AX，实时返回飞机的俯仰角；利用数学函数 ASIN(X) 结合速度函数 VZ、VM，即 ASIN(VZ/VM) 返回当前飞机的下滑角；由当前飞机的下滑角和俯仰角可得到飞机的攻角。根据飞机气动参数与攻角的函数关系，在 Adams 中创建气动参数关于攻角的函数。结合式(8-1)～式(8-3)，在飞机机翼、尾翼上创建单向力，分别施加气动升力、气动阻力和气动俯仰力矩。

机身分布气动载荷形态参考测压结果并采用工程简化，全机进行动态平衡协调，协调机身的分布载荷，使得全机力和力矩平衡。通过在 Adams 中创建模态力施加协调后得到的机身分布气动载荷。

某工况下气动阻力各分量如下。

攻角 α：

$$\alpha = \{-\text{AX}(\text{Marker\_5}，\text{Marker\_2}) - \text{ASIN}[\text{VZ}(\text{Marker\_5})/ \\ \text{VM}(\text{Marker\_5})]\}$$

$$(8-4)$$

阻力系数 C_D：

$$C_D = \text{POLY}(\alpha \times \text{Rtod}，0，0.0657，-0.0004， \\ -2 \times 10^{-5}，2 \times 10^{-5}，5 \times 10^{-6}，-4 \times 10^{-7}) \tag{8-5}$$

动压与机翼参考面积的乘积 QS：

$$QS = 0.5 \times 1.225 \times \left[\text{VM(Marker\_50)}/1\,000 \right]^2 \times 18 \qquad (8-6)$$

气动升力各分量如下。

升力系数 C_L：

$$C_L = \text{POLY}(\alpha \times \text{Rtod}, 0, 0.194\,8, 0.110\,6, 0.001\,5, -0.000\,1,$$
$$-8 \times 10^{-5}, 5 \times 10^{-6})$$

$$(8-7)$$

气动俯仰力矩各分量如下。

力矩系数 C_m：

$$C_m = \text{POLY}(\alpha \times \text{Rtod}, 0, 0.194\,8, 0.110\,6, 0.001\,5, -1 \times 10^{-4},$$
$$-8 \times 10^{-5}, 5 \times 10^{-6})$$

$$(8-8)$$

根据得到的气动参数，得到不同工况下的气动力。图 8-3 所示为施加分布气动载荷后的无人机模型图。

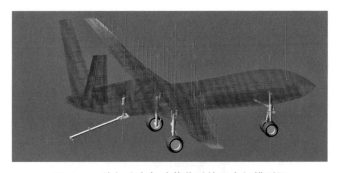

图 8-3　施加分布气动载荷后的无人机模型图

8.3.2　拦阻载荷

拦阻装置由拦阻索、动定滑轮及吸能装置等组成。舰载飞机拦阻着舰时，拦阻钩钩上拦阻索，拦阻装置强制制动使飞机减速，拦阻装置快速吸收大量舰载飞机的动能，最终使舰载飞机在几秒内停下来。

图 8-4 所示为当前较为先进的涡轮电力拦阻装置，其采用了较轻的合成电缆系统和电机，在拦阻过程中，能自动采取措施降低拦阻索的张力峰值，同时精确控制飞机拦阻钩的负载及飞机在甲板上停留的位置。

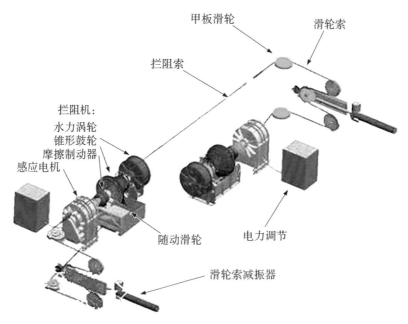

图 8-4　涡轮电力拦阻装置

根据典型舰载无人机拦阻试验,获得了拦阻载荷水平方向分量。拦阻过程中,不考虑钩索啮合后的晃动,同时忽略拦阻钩与拦阻索之间的摩擦力,拦阻钩挂索后的拦阻钩-拦阻索力学模型如图 8-5 所示。

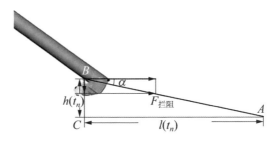

图 8-5　拦阻钩-拦阻索力学模型

A 点为拦阻钩与拦阻索的啮合点,由 t_n 时刻数据可推导出 t_{n+1} 时刻的拦阻力 $F(t_{n+1})$:

$$F(t_{n+1}) = \frac{F_h(t_{n+1})}{\cos\alpha(t_n)} = \frac{F_h(t_{n+1})}{\cos\left\{\arctan\left[\dfrac{h(t_n)}{l(t_n)}\right]\right\}} \tag{8-9}$$

式中:$l(t_n)$ 为 t_n 时刻拦阻钩钩头的水平位移;$h(t_n)$ 为拦阻钩钩头离甲板的高度;$F_h(t_n)$ 为拦阻载荷水平方向分量;$\alpha(t_n)$ 为拦阻索与甲板的夹角。

在 Adams 中添加拦阻载荷需要用到如下函数。

(1) 位移函数 DZ(To Marker，From Marker)是运行函数,返回当前时刻从坐标系 From Marker 的原点到坐标系 To Marker 的原点矢量在全局坐标系的 z 轴上的投影。

(2) 位移函数 DY(To Marker，From Marker)是运行函数,返回当前时刻从坐标系 From Marker 的原点到坐标系 To Marker 的原点矢量在全局坐标系的 y 轴上的投影。

在 Adams 中利用位移函数 DZ 实时返回拦阻钩钩头离甲板的高度 $h(t_n)$,DY 实时返回拦阻钩钩头的水平位移 $l(t_n)$ 来创建单向力,根据式(8-4)构造函数,结合试验得到的数据在拦阻钩上施加拦阻载荷,两种速度下的试验拦阻力曲线如图 8-6 所示。

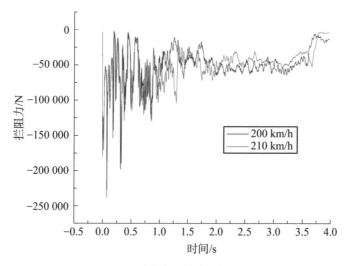

图 8-6　两种速度下的试验拦阻力曲线

得到拦阻力在 y 和 z 方向的拦阻力分量如下:

$$y \text{ 方向分量} = \text{CUBSPL}(time，0，Spline\_7，0)$$

$$\text{ATAN}(\alpha) = [\text{DZ}(Marker\_25，Marker\_23)/$$
$$\text{DY}(Marker\_25，Marker\_23)]$$

$$z \text{ 方向分量} = \text{CUBSPL}(time，0，Spline\_7，0) \times \text{ATAN}(\alpha)$$

把得到的拦阻力分量施加在拦阻钩头与拦阻索的连接点,图8-7所示为施加拦阻力后的局部模型图。

图8-7　施加拦阻力后的局部模型图

8.3.3　起落架载荷

起落架弹簧力与油液阻尼力设置与7.3节拦阻仿真工况相同,缓冲力等效为外筒和内筒之间的空气弹簧力和油液阻尼力。前起落架和主起落架的空气弹簧力与缓冲器压缩量之间的关系、油液阻尼力与压缩速度之间的关系通过试验数据获得。

8.3.4　发动机推力环境

根据油门转速比为最大值的80%的要求,发动机推力根据表8-1确定为1500N,并且在着陆0.1s后发动机推力消失。

表8-1　不同转速对应推力

转速比/(%)	70	75	80	85	90	95
推力/N	600	800	1500	2400	3700	6400

将推力分解为2个等大的单向力,施加在机身2台发动机位置处,设置STEP函数和传感器,在舰载飞机着陆0.1s后关闭发动机,使推力为0。

8.3.5　重力环境

在Adams设置中的Gravity模块设定重力加速度,方向沿舰载飞机垂向,机体质量为3000kg。

8.3.6　甲板冲击载荷等效方式

甲板冲击载荷包括前、后主起落架轮胎与甲板的碰撞及拦阻钩与甲板的相互作用。在 Adams 中可以使用三种方法来计算接触力（contact force）。第一种是基于回归的接触（restitution base contact）算法，通过惩罚系数（penalty coefficient）与回归系数（restitution coefficient）计算接触力。惩罚系数施加单面约束，回归系数决定接触时的能量损失。第二种是基于碰撞函数的接触（impact function based contact）算法，考虑到起落架轮胎与舰面的冲击接触作用，运用 Adams 函数库中的 Impact 函数来计算接触力。

$$\text{contact}(F) = k \times (\Delta x)^e - \text{step}(x, 0, 0, d, C) \times \dot{x} \qquad (8-10)$$

第三种是基于用户编写的子程序来定义接触力。考虑到缺乏舰载无人机在触舰过程中轮胎和拦阻钩与甲板的碰撞试验数据，以及惩罚系数与回归系数具有不确定性，基于已知的金属与金属碰撞、金属与橡胶碰撞的参数，采取基于碰撞函数的接触算法来计算甲板冲击载荷。碰撞参数设置如表 8-2 所示。

表 8-2　碰撞参数设置

碰撞部位	Stiffness	Force Exponent	Damping	Penetration Depth
轮胎与甲板	3 000	2.2	4	0.1
拦阻钩与甲板	5 000	2	0.7	0.1

（1）Stiffness 为指定材料刚度。

（2）Force Exponent 为计算瞬时法向力中材料刚度贡献值的指数。

（3）Damping 为接触材料的阻尼属性。

（4）Penetration Depth 为全阻尼（full damping）时的穿透值。

在 Adams 中模拟轮胎和拦阻钩与甲板的接触力的设置框图如图 8-8 所示。

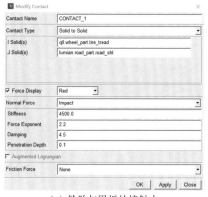
（a）轮胎与甲板的接触力

（b）拦阻钩与甲板的接触力

图 8-8　甲板冲击载荷设置框图

8.4　对中拦阻的仿真结果分析与处理

设置完边界条件与环境参数后,采用模态叠加法求解其动力响应,考虑到计算机性能和计算效率,设置计算步长为 1×10^{-4} s,根据初始拦阻力曲线的时间区间,将计算时间设置为 3 s,进行动力学仿真,得到需要的仿真结果并对其进行分析。

8.4.1　飞机姿态结果分析

1）飞机质心位移与速度结果分析

根据 8.3 节所述初始条件项,设置两种计算工况,如表 8-3 所示。

表 8-3　拦阻计算工况

工况	着陆质量/kg	初始速度/(m/s)	下沉速度/(m/s)	俯仰角/(°)
Ⅰ	3 000	55	2	5
Ⅱ	3 100	58	3	4

通过在飞机质心处设置 Marker,在 Adams/PostProcessor 后处理模块中获得两种工况的仿真结果与试验环境下无人机的质心航向速度及位移,如图 8-9 和图 8-10 所示。

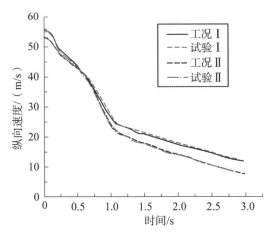

图 8-9　无人机质心航向速度时程曲线

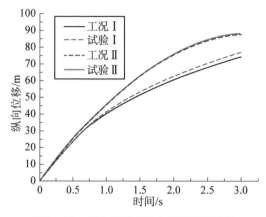

图 8-10　无人机质心航向位移时程曲线

由得到的选取工况的仿真结果与试验结果对比曲线，可见仿真环境下舰载无人机的航向位移与速度曲线和等质量小车的水平拦阻位移与速度曲线相一致，验证了仿真结果的可靠性。

2）俯仰角结果分析

为确定舰载无人机在拦阻着舰过程中的飞行姿态，通过输出飞机质心处Marker 的相对位置可获得舰载无人机俯仰角时程曲线。根据初始攻角及钩甲角等姿态参数的不同取值，进一步分析了 16 种工况。图 8-11 所示为计算工况下的舰载无人机俯仰角时程曲线。

在着舰初始阶段，舰载无人机在拦阻载荷、气动载荷和甲板冲击力的作用下迅速低头运动，在前、后主起落架全部着舰后飞机维持稳定俯仰角至拦停结束，从图 8-11 中可以看出计算工况下在拦阻过程中，舰载无人机飞行姿态正常，保证了拦阻着舰安全。

3）钩甲角结果分析

舰载无人机安全拦阻着舰需确保拦阻钩顺利挂索。拦阻钩在挂索后受到来自拦阻索的短时间历程牵拉力作用，为确保飞机在拦阻过程中不会出现拦阻钩脱索的现象，在拦阻钩质心处设置 Marker 以监测其与甲板点的相对位置变化，进而获得舰载无人机拦阻钩与甲板的钩甲角数据，图 8-12 所示为计算工况下的舰载无人机拦阻钩钩甲角时程曲线。

在拦阻钩挂索后，拦阻钩迅速被拉起，钩甲角在 0.1 s 内急剧减小到 2°的位置，随后不停地振荡，从拦阻过程中的钩甲角时程变化曲线可以看出，在拦阻钩挂索的巨大冲击下，拦阻钩装置满足设计要求，拦阻钩有能力一直维持挂索状态，拦阻钩与机身的连接方式符合设计规范。

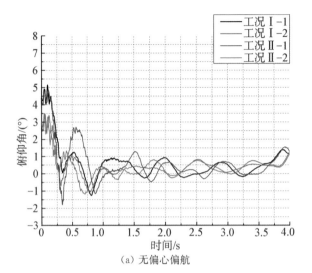

（a）无偏心偏航

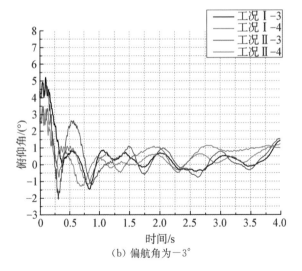

（b）偏航角为−3°

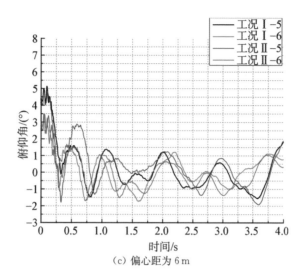

（c）偏心距为6m

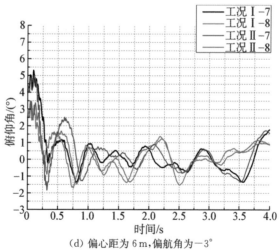

（d）偏心距为6m，偏航角为－3°

图8-11　舰载无人机俯仰角时程曲线

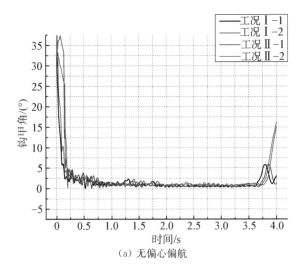

（a）无偏心偏航

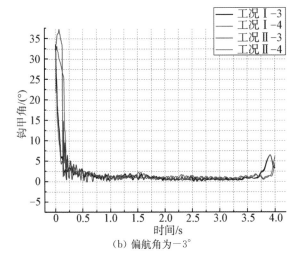

（b）偏航角为−3°

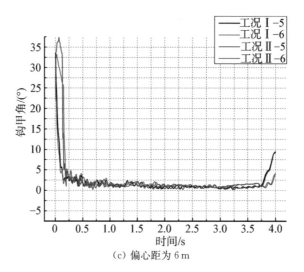

（c）偏心距为6m

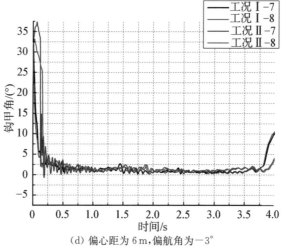

（d）偏心距为6m，偏航角为−3°

图8-12　舰载无人机拦阻钩钩甲角时程曲线

4) 起落架载荷与甲板冲击力结果分析

在舰载飞机拦阻过程中,在起落架内、外筒之间存在油液阻尼力和空气弹簧力,在轮胎和甲板之间存在支反力。起落架载荷的变化规律反映出起落架是否具有正常工作的能力以及在 Adams 中仿真起落架工作的可行性。计算拦阻过程中起落架载荷的最大值,可验证预设工况下起落架强度指标及结构设计的合理性,保证舰载飞机能够安全拦阻着舰。轮胎和甲板之间的支反力峰值反映出舰载飞机着舰瞬间冲击甲板的剧烈程度,过大的支反力峰值会造成起落架结构损坏,影响舰载飞机着舰安全。支反力的变化规律也反映出起落架轮胎与甲板的相对位置情况。通过在起落架缓冲器处构建力传感器,可获得拦阻全过程中前、后主起落架上的空气弹簧力和油液阻尼力;设置轮胎与甲板的接触参数,得到某工况下前、后主起落架轮胎与甲板的支反力时程曲线,如图 8 - 13 所示。

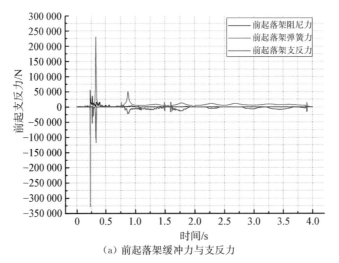

（a）前起落架缓冲力与支反力

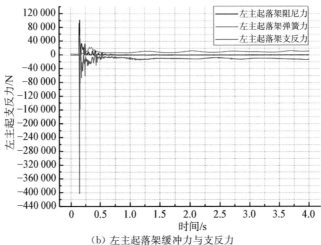

（b）左主起落架缓冲力与支反力

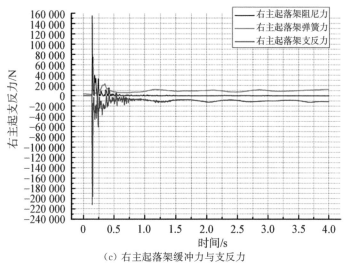

（c）右主起落架缓冲力与支反力

图 8-13　舰载飞机起落架缓冲力与支反力时程曲线

起落架在仿真前 0.1 s 内,主起落架未接触地面,其支反力为 0。在 0.2 s 左右,起落架着地,由于具有向下的加速度,起落架支反力大于起落架弹簧力和阻尼力之和。随着加速度减小,支持力与弹簧力和阻尼力之和接近,符合飞机拦阻规律。得到的起落架缓冲力和支反力峰值均小于起落架拉压强度极限,可以保证在飞机拦阻着舰过程中起落架结构正常、安全地工作。从前起落架的缓冲力与支反力时程曲线可以看出,由于拦阻力、气动力、发动机推力与起落架多种复杂载荷的作用,在飞机着舰、拦阻钩挂索后,前起落架存在轻微地上抬再触舰的现象,其二次、三次冲击峰值均远小于首次冲击峰值,对飞机起落架的影响可忽略不计,对飞机飞行姿态的作用不影响顺利拦停飞机。

5）翼尖扰动结果分析

拦阻着陆的剧烈冲击使无人机部分刚度较小的构件在垂直方向出现振动。在诸如机翼翼尖等位置表现尤为明显。机翼横向变形过大的严重情况会影响机翼结构安全,在分析时需予以关注。在此仿真工况下的机翼如图 8-14 所示。

右翼尖　　　　　　　　　　　左翼尖

图 8-14　舰载无人机机翼示意图

在 Adams 机翼左右翼尖处设置 Marker,使用 DZ 函数追踪翼尖点与初始自重下翼尖点的相对位置,得到计算工况下机翼翼尖点垂直方向位移时程曲线,如图 8 - 15 所示。

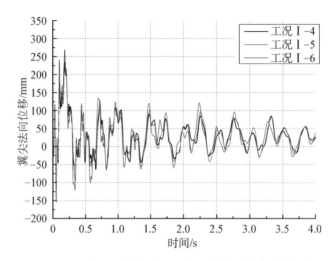

图 8 - 15　舰载无人机机翼翼尖点垂直方向位移时程曲线

可以看到,飞机左右翼尖点垂直方向位移的变化规律基本一致,这表明舰载无人机在对中拦阻时,飞机姿态关于飞机中部航向轴对称。翼尖点上下扰动的峰值出现在拦阻力最大和主起落架着舰时,数值为 0.25 m 左右,在前起落架着舰后翼尖点垂直方向位移迅速降到 0 m 上下振荡。考虑到舰载无人机的翼展有接近 18 m,0.25 m 的翼尖扰动位移对机翼产生的上下偏转角度很小,在正常机翼上下波动范围内,满足舰载无人机拦阻着舰过程中的机翼变形要求。

8.4.2　机身的纵向过载结果分析

舰载无人机机身上的过载峰值反映出着舰过程中机身可能出现的危险点,过载变化规律体现出研究舰载无人机在拦阻着舰过程中机身过载在航向上的传递规律,对飞机机身的纵向过载分析有助于飞机设计人员找出舰载无人机在着舰过程中可能出现的危险点,找到机身纵向过载的传递规律有助于机身结构的优化设计。可沿着机身从前往后在同侧加强框架与主梁连接处取点并编号,如图 8 - 16 所示。

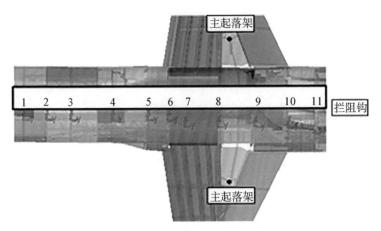

图 8-16　无人机机身采样点分布

根据图 8-16,分别提取采样点在着舰过程中的纵向过载。得到的各采样点的纵向过载曲线形状相似,在此给出采样点 6 的纵向过载时程曲线,如图 8-17 所示。

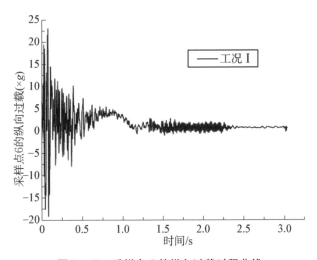

图 8-17　采样点 6 的纵向过载时程曲线

观察该采样点的纵向过载曲线可知,拦阻过程中,在拦阻钩挂索和主起落架触舰的冲击瞬间,机身纵向过载迅速达到峰值,此后前起落架着舰。由于冲击力的传递作用,在机身前起落架附近出现过载峰值,随后机身测量点的纵向过载在一定值附近上下振荡。到 0.25 s 左右,纵向过载减少至 10g 左右,随后保持相对稳定。到 1.0 s 左右,纵向过载减少至 4g,随后保持在 4g 附近轻微波动。

根据采样点的纵向过载，提取所有不同工况下的纵向过载瞬态峰值，如表8-4所示。

表8-4　机身上采样点纵向过载瞬态峰值

采样点	纵向过载瞬态峰值（×g）			
	工况 I	工况 I-1	工况 II	工况 II-1
1	29.44	28.53	30.41	30.11
2	27.21	27.14	28.90	28.87
3	23.75	25.90	25.55	25.83
4	23.36	23.72	23.44	23.67
5	22.98	22.46	22.10	22.46
6	22.21	22.00	23.68	23.92
7	23.63	22.84	24.68	24.54
8	24.38	24.31	25.08	25.08
9	35.38	35.53	34.34	35.38
10	37.54	36.94	38.14	37.67
11	38.26	38.67	38.18	39.68

根据表8-4中各采样点的纵向过载瞬态峰值，结合机身上采样点的分布图可得到纵向过载瞬态峰值沿机身的传递规律曲线，如图8-18所示。

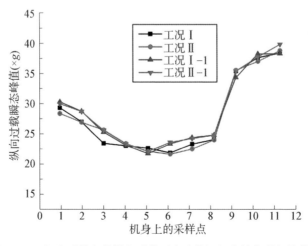

图8-18　机身采样点的纵向过载瞬态峰值沿机身的传递规律曲线

由图 8-18 可知,所有计算工况下的机身纵向过载传递规律基本一致,采样点的纵向过载沿着机身从后向前(点 11 到点 6)逐渐递减,在机身后段(点 11 到点 8)衰减迅速。在靠近前起落架的位置处,纵向过载从后向前(点 5 到点 1)有增加趋势,但增幅不大。由于着舰时拦阻载荷、甲板对无人机主起落架的冲击载荷作用;此外,油箱位于机身中段处,在模型中以分布质量块的方式建模,机身中段质量惯性大。因此,机身的纵向过载峰值呈首尾大、中间小的分布规律。考虑到舰载无人机挂索和主起落架着舰瞬间的首次冲击作用相较于前起落架着舰的二次冲击尤为显著,造成机身上最大纵向过载峰值集中在机身后段处,最大的冲击瞬态峰值达到 39.68g,机身后段测量点的纵向过载峰值普遍大于机身前段测量点的过载峰值。对比施加气动载荷工况和没有气动载荷工况的机身纵向过载值,发现气动载荷对飞机机身的纵向过载无明显影响。

8.4.3 机翼的垂向过载结果分析

相较于机身重点关注测量点的纵向过载,机翼结构决定了在舰载无人机拦阻着舰过程中机翼存在垂直方向的上下振动,即垂向过载明显。在机翼过载研究中,为得到机翼上垂向过载的时程曲线和分布规律及左右机翼垂向过载的对称性,沿翼尖向根部在梁与肋连接处取点编号,提取采样点在拦阻着舰过程中的垂向过载,如图 8-19 所示。

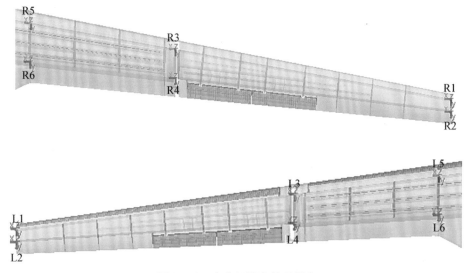

图 8-19 左右机翼上的采样点

根据图 8-19,提取机翼上采样点在拦阻着舰过程中的垂向过载。由于计算工况下机翼上所有采样点的垂向过载曲线形状相似,因此只给出采样点 L4 的垂向过载时程曲线,如图 8-20 所示。

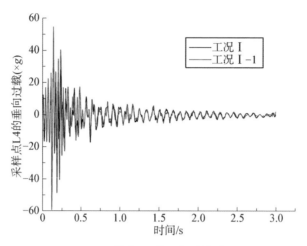

图 8-20　采样点 L4 的垂向过载时程曲线

由图 8-20 可知,在拦阻钩挂索和主起落架触舰前,采样点 L4 的垂向过载较小且在 0 处上下振荡。在 0.1 s 左右,主起落架着舰,垂向过载急剧上升至 $58g$,随后急剧减少至 $20g$ 左右。然后前起落架落地,机体结构与地面形成二次冲击,在垂向过载曲线中产生第二个峰值。由于二次冲击的能量小于首次冲击的能量,所以第二个由前起落架着舰带来的垂向过载峰值小于主起落架触舰时的过载峰值。最后缓慢持续振荡减少至 0。

根据所有计算工况下机翼上采样点的垂向过载,提取其瞬态峰值,如表 8-5 所示。

表 8-5　机翼上采样点垂向过载瞬态峰值

采样点	垂向过载瞬态峰值(×g)			
	工况 I	工况 I-1	工况 II	工况 II-1
R1	102.83	109.12	116.33	118.83
R2	103.38	105.46	115.83	119.26
R3	56.71	59.60	68.39	72.71
R4	56.83	59.12	69.33	71.83

（续表）

采样点	垂向过载瞬态峰值（×g）			
	工况 I	工况 I-1	工况 II	工况 II-1
R5	41.83	44.12	50.33	54.83
R6	40.38	43.46	49.83	53.26
L1	101.68	103.32	112.51	118.64
L2	100.01	104.60	111.61	117.70
L3	56.73	59.58	68.47	71.23
L4	56.66	58.43	67.59	70.46
L5	41.68	43.32	51.51	55.64
L6	40.01	44.60	50.61	54.70

由表 8-5 可知，左右机翼测量点的垂向过载关于机身航向轴对称，且垂向过载最大瞬态峰值为 119.26g。对比工况 I 和工况 II，工况 I-1 和工况 II-1，由于工况 II、工况 II-1 的初始速度和下沉速度较工况 I、工况 I-1 的大，因此其垂向过载瞬态峰值比工况 I、工况 I-1 的大 10g 左右。对比工况 I 和工况 I-1、工况 II 和工况 II-1，拦阻过程中考虑气动载荷作用时机翼上垂向过载瞬态峰值比不考虑气动载荷作用时的小 4g 左右。

沿着机翼取采样点 R1、R3、R5 的垂向过载瞬态峰值作图，如图 8-21 所示。

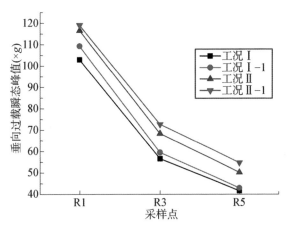

图 8-21　机翼上采样点垂向过载瞬态峰值曲线

　　由图 8 - 20 和图 8 - 21 可知,飞机机翼上垂向过载的变化规律为沿着机翼从两侧翼尖的 119g 左右向中间迅速递减至 40g 左右,其中,越靠近翼尖位置垂向过载衰减幅度越大,越远离翼尖位置垂向过载衰减幅度越小。

8.4.4　机身应力结果分析

　　如图 8 - 22 所示为机身采样点在拦阻着舰过程中的 Mises 应力时程曲线。根据图 8 - 16 中的采样点的 Mises 应力峰值,可得到主传力路径采样点的 Mises 应力峰值沿机身变化规律,如图 8 - 23 所示。在靠近主起落架及拦阻钩位置处 Mises 应力峰值最大。

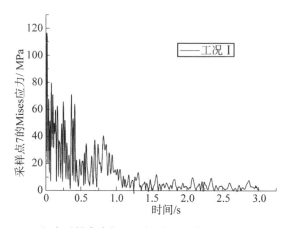

图 8 - 22　机身采样点在拦阻着舰过程中的 Mises 应力时程曲线

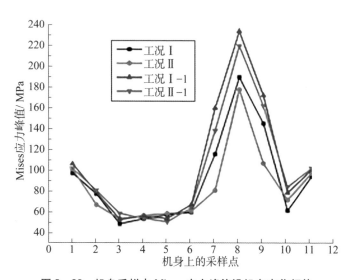

图 8 - 23　机身采样点 Mises 应力峰值沿机身变化规律

由图 8 - 22 可知,采样点的 Mises 应力在计算开始瞬间达到 117 MPa,然后迅速减少到 80 MPa,随后保持在这一定值附近振荡。到 0.4 s 左右,Mises 应力降低至 40 MPa,然后保持在这一定值附近振荡。直到 1.0 s 左右,Mises 应力降低至 10 MPa 以下。

分析图 8 - 23 可知,机身上靠近前起落架、主起落架、拦阻钩位置处的 Mises 应力值较大。在考虑气动载荷作用下,对 Mises 应力峰值,靠近主起落架位置处最大值为 200 MPa。

8.5　非对称着舰仿真分析

对中拦阻着舰是舰载飞机着舰的理想工况,但舰载飞机着舰时也存在危险的非对称着舰情况,包括偏心和偏航。本节对舰载无人机非对称着舰时的拦阻情况展开仿真分析。

8.5.1　非对称着舰计算参数与工况设置

本节对不含偏心距与偏航角、只含偏航角、只含偏心距和 2 种既含偏心距又含偏航角共 5 种工况进行仿真分析,具体飞机参数如表 8 - 6 所示。

表 8 - 6　非对称着舰计算工况

工况	质量 /kg	速度 /(m/s)	下滑角 /(°)	俯仰角 /(°)	初始钩甲角 /(°)	偏心距 /m	偏航角 /(°)
I	3 000	60	−3	3	35	0	0
II	3 000	60	−3	3	35	0	−3
III	3 000	60	−3	3	35	6	0
IV	3 000	60	−3	3	35	6	−3
V	3 000	60	−3	3	35	6	3

注:坐标系以飞机质心为原点,指向机头方向为 x 轴正方向,指向飞机右侧为 y 轴正方向,指向飞机下方为 z 轴正方向。

8.5.2　非对称着舰飞机姿态结果分析

舰载无人机拦阻着舰仿真过程中,在拦阻钩与拦阻索啮合后,主起落架着舰。拦阻过程中,飞机的纵向速度、纵向位移变化规律分别如图 8 - 24 和图 8 - 25 所示。

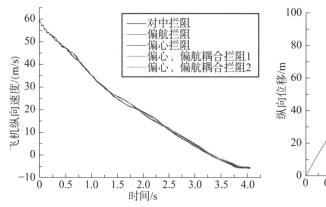

图 8-24 飞机纵向速度变化规律

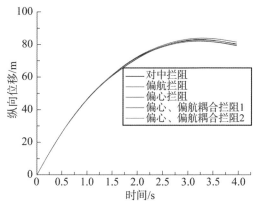

图 8-25 飞机纵向位移变化规律

由图 8-24 可知,在拦阻载荷的强制作用下,飞机纵向速度逐渐减小;到 3.25 s 左右时,飞机的纵向速度减少至 0。随后,在拦阻载荷的继续作用下,飞机有反向速度且逐渐增大,持续到 3.75 s 左右,此时,拦阻载荷降为 0,飞机纵向速度随后保持在这一定值。偏心、偏航拦阻下,飞机纵向速度无明显区别。

由图 8-25 可知,偏心、偏航拦阻下飞机的纵向位移有轻微的差别,飞机纵向位移的变化范围为 80~85 m。因此,偏心、偏航拦阻对飞机纵向位移有微弱影响。

拦阻着舰过程中,各工况下飞机的侧向位移如图 8-26 至图 8-30 所示。

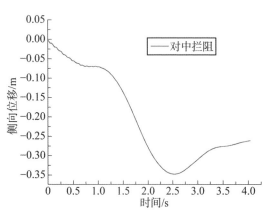

图 8-26 工况 I 飞机侧向位移

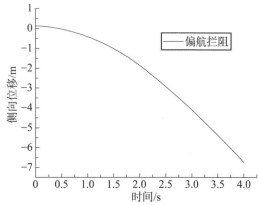

图 8-27 工况 II 飞机侧向位移

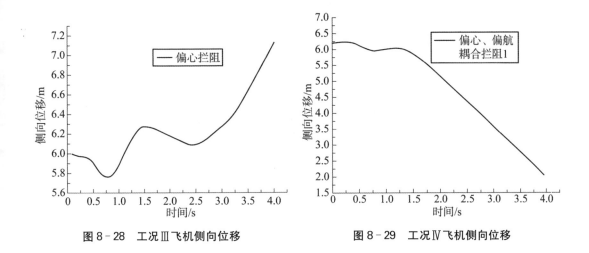

图 8-28　工况Ⅲ飞机侧向位移　　　　　图 8-29　工况Ⅳ飞机侧向位移

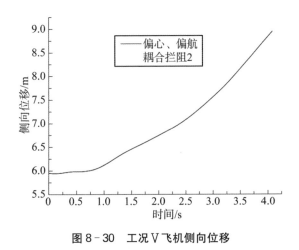

图 8-30　工况Ⅴ飞机侧向位移

　　分析图 8-26 至图 8-30 可知,对中拦阻着舰时,飞机几乎无侧向位移;以 −3°偏航角拦阻着舰时,飞机的侧向位移为 6.8 m;以 6 m 的偏心距拦阻着舰时, 飞机的侧向位移由初始的 6 m 增大至 7.1 m;以 6 m 的偏心距和 −3°的偏航角耦 合拦阻着舰时,飞机的侧向位移由初始的 6.25 m 减小至 2 m;以 6 m 的偏心距和 3°的偏航角耦合拦阻着舰时,飞机的侧向位移由初始的 6 m 增大至 8.8 m。

　　由于在 3.25 s 左右飞机速度已减为 0,因此只给出如图 8-31 所示的在拦阻 前 3 s 内攻角变化规律时程曲线。

　　由仿真计算得到的非对称拦阻着舰各工况下攻角的变化规律如图 8-31 所

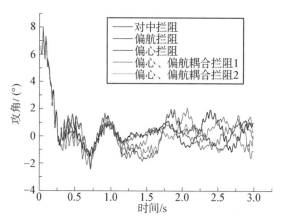

图 8-31　飞机攻角变化规律时程曲线

示,飞机在着舰初始阶段受到拦阻载荷、气动载荷和甲板冲击力的作用,迅速低头运动,之后保持相对平稳的状态,安全着舰。飞机在偏心和偏航耦合作用下拦阻着舰,其攻角变化幅度相对更大,着舰相对不平稳。

8.5.3　飞机机身纵向过载结果分析

为研究非对称拦阻着舰工况下舰载无人机在拦阻着舰过程中机身过载的传递规律,沿着机身从前往后,在机身左右两侧的加强框与主梁连接处取点并编号。机身上采样点的分布如图 8-32 所示。

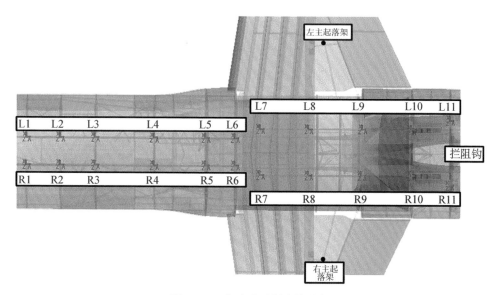

图 8-32　机身上采样点的分布

图 8-32 中机身采样点分布在机身左右两侧,其中采样点 R1～R11 在机身右侧,即机身右路径上的采样点 1～11,采样点 L1～L11 在机身左侧,即机身左路径上的采样点 1～11。

根据图 8-32,分别提取各采样点在拦阻着舰过程中的纵向过载。这里给出各工况下采样点 R3 和 L3 的纵向过载时程曲线,如图 8-33 和图 8-34 所示。

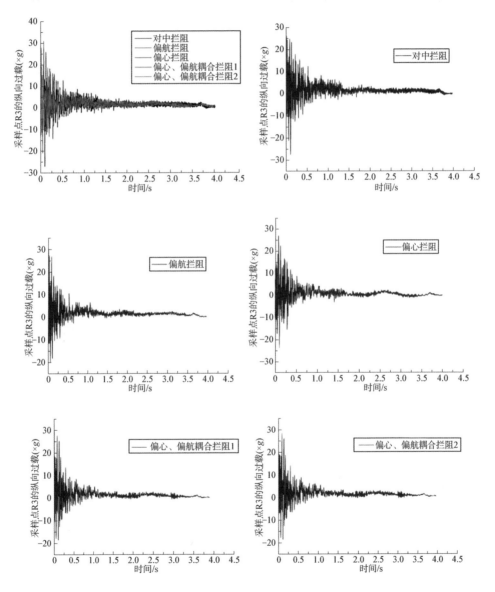

图 8-33　采样点 R3 的纵向过载时程曲线

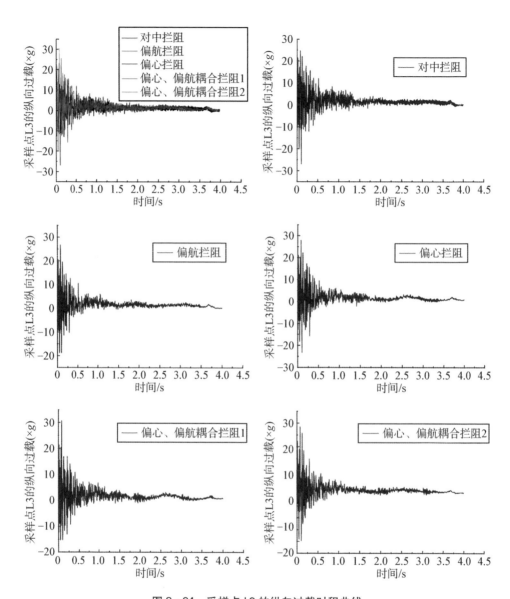

图 8‑34　采样点 L3 的纵向过载时程曲线

　　由采样点 R3 和 L3 的纵向过载时程曲线可知,拦阻过程中,机身纵向过载先迅速增大到一定值振荡。到 0.25 s 左右,纵向过载减少至 15g 左右,随后保持相对稳定。到 1.0 s 左右,纵向过载减少至 5g 左右,随后保持在 5g 附近轻微波动。

　　根据采样点的纵向过载,提取纵向过载瞬态峰值并结合机身上采样点的分布图可得到纵向过载瞬态峰值沿机身的传递规律曲线,如图 8 - 35 所示。

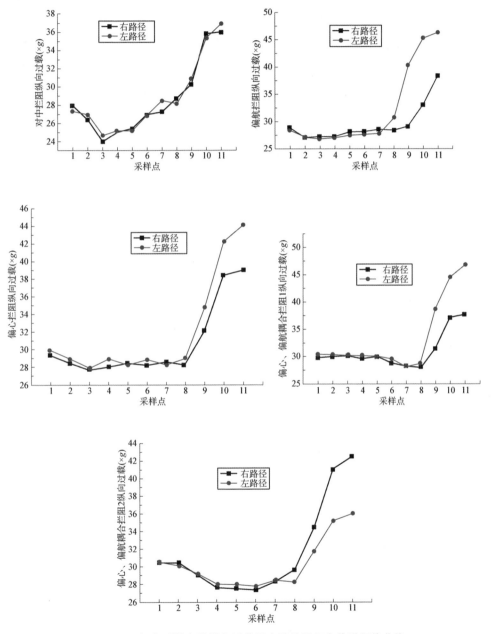

图 8 - 35　机身采样点的纵向过载瞬态峰值沿机身传递规律曲线

由图 8-35 可知,机身上左右两侧的纵向过载沿着机身从后向前(点 11 到点 6)逐渐递减,在机身后段(点 11 到点 8)迅速衰减。在靠近前起落架的位置处,纵向过载从后向前(点 5 到点 1)有增加趋势,但增幅不大。由于着舰时拦阻载荷、甲板对飞机主起落架的冲击载荷作用;此外,油箱位于机身中段处,在模型中以分布质量块的方式建模,机身中段质量惯性大。因此,机身的纵向过载峰值呈首尾大、中间小的分布规律。机身上的最大纵向过载峰值集中在后段,最大的冲击瞬态峰值达到 48g。对中拦阻着舰时,飞机左右两侧纵向过载对称,纵向过载传递路径变化规律也左右一致。偏航和偏心分别拦阻着舰时,在拦阻钩位置附近,机身上左侧的纵向过载比右侧的纵向过载要大,且偏航工况下左右两侧纵向过载瞬态峰值之差要比偏心工况下的大;在远离拦阻钩位置时,机身左右两侧纵向过载保持一致,无明显区别。偏心、偏航耦合拦阻着舰时,在拦阻钩位置附近,机身上左右两侧的纵向过载不对称。对比偏心、偏航耦合拦阻 1 和 2 可知,偏航对拦阻钩附近纵向过载传递规律的影响比偏心更大。在远离拦阻钩位置时,偏心、偏航耦合拦阻下纵向过载无明显区别。

8.5.4　飞机机翼垂向过载结果分析

在飞机左右两机翼上,参考第 4 章沿着从翼尖向中间的路径,在梁与肋的连接处取点编号,机翼上采样点的分布如图 8-36 所示。

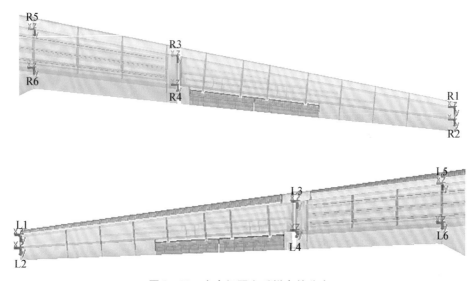

图 8-36　左右机翼上采样点的分布

根据图 8 - 36,机翼上提取的采样点在拦阻着舰过程中存在垂向过载。这里给出各工况下采样点 R6 的垂向过载时程曲线,如图 8 - 37 所示。

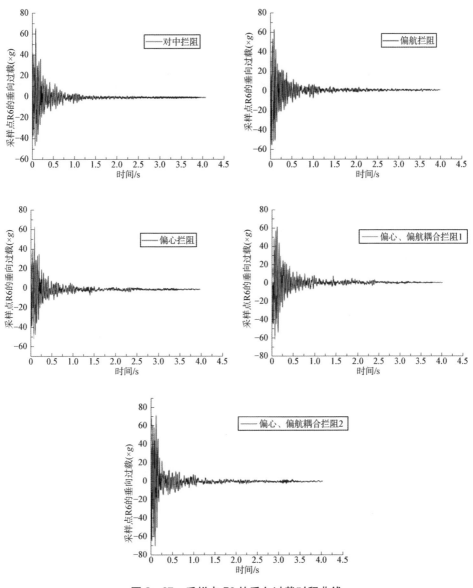

图 8 - 37　采样点 R6 的垂向过载时程曲线

由图 8 - 37 可知,刚开始时,采样点 R6 的垂向过载为 30~40g;在 0.1s 左右,主起落架着地,垂向过载急剧上升至 60g,随后急剧减少至 20g 左右,然后,再缓慢持续振荡减少至 0。整个拦阻过程中机翼的垂向过载在 0 上下对称波动。

根据所有工况下机翼上采样点的垂向过载,提取其瞬态峰值。根据图8-36 机翼上的采样点,从右机翼出发向左,由采样点的垂向过载瞬态峰值可作图8-38。

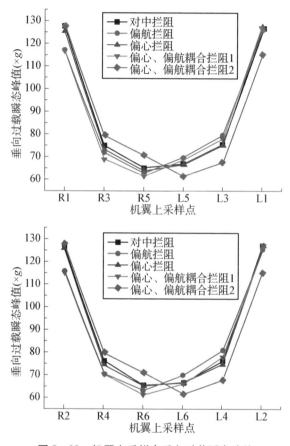

图8-38　机翼上采样点垂向过载瞬态峰值

由图8-38分析可知,机翼上垂向过载瞬态峰值的变化规律为沿着机翼从两侧翼尖的$128g$向中间迅速递减至$60g$,越靠近翼尖垂向过载衰减幅度越大,越远离翼尖垂向过载衰减幅度越小。在对中拦阻和偏心拦阻工况下,左右机翼的垂向过载明显对称。在偏航拦阻和偏心、偏航耦合拦阻1工况下,左侧机翼的垂向过载瞬态峰值明显比右侧机翼的大;而在偏心、偏航耦合拦阻2工况下,左侧机翼的垂向过载瞬态峰值明显比右侧机翼的小。偏航拦阻相对偏心拦阻,对机翼的垂向过载瞬态峰值有一定的影响,但偏心、偏航对机翼上垂向过载总体的传递规律无明显影响。

8.5.5　机身应力结果分析

根据图 8-32,在机身上提取采样点在拦阻着舰过程中的 Mises 应力。这里给出所用工况下采样点 R8 的 Mises 应力时程曲线,如图 8-39 所示。

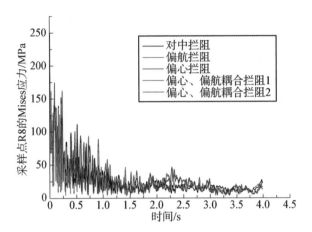

图 8-39　机身上采样点 R8 的 Mises 应力时程曲线

由图 8-39 可知,采样点的 Mises 应力在计算开始瞬间达到约 250 MPa,然后迅速减少到 150 MPa,随后保持在这一定值附近振荡。到 0.3 s 左右,Mises 应力降低至 100 MPa 左右,然后保持在这一定值附近振荡。直到 1.0 s 左右,Mises 应力降低至 30 MPa 以下。各拦阻工况对机身上 Mises 应力随时间的变化无明显影响。

根据所有工况下机身上采样点的 Mises 应力,提取其瞬态峰值。结合图 8-31,根据机身上采样点的 Mises 应力峰值沿着机身作图 8-40。

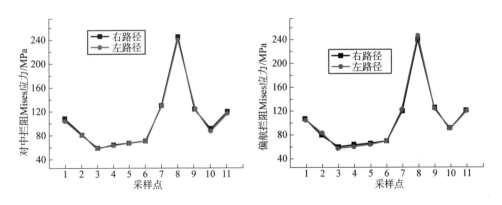

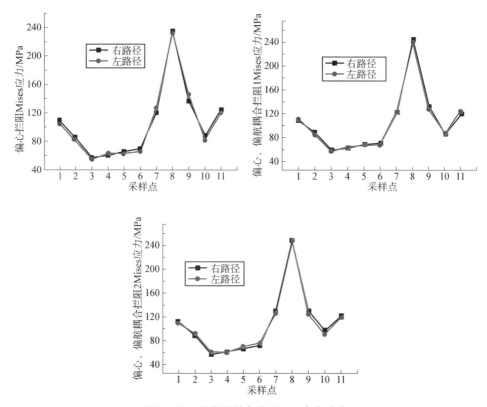

图 8 - 40　机身采样点的 Mises 应力峰值

　　由图 8 - 39 和图 8 - 40 分析可知,机身上左右两侧的 Mises 应力峰值沿着机身从后向前先减小后增大,在主起落架附近达到最大值约 250 MPa,然后迅速减小至 60 MPa 左右。在靠近前起落架的位置处,左右两侧的 Mises 应力峰值从后向前(点 R3 到点 R1 和点 L3 到点 L1)有增大趋势,但增幅不大。由于拦阻着舰时的拦阻载荷、甲板对飞机主起落架的冲击载荷耦合作用,飞机机身左右两侧的 Mises 应力呈现出在靠近前起落架、主起落架以及拦阻钩位置处大,其他位置处小的分布规律。机身上 Mises 应力峰值集中靠近主起落架位置处,机身大部分位置处的 Mises 应力在 100 MPa 以下。在各拦阻工况下,飞机机身左右两侧的 Mises 应力分布规律一致,左右两侧的 Mises 应力对称。偏心拦阻着舰和偏航拦阻着舰及偏心、偏航耦合拦阻着舰对机身的 Mises 应力分布无明显影响。

8.5.6　机翼应变结果分析

机翼上提取的采样点在拦阻着舰过程中存在 Mises 应变。这里给出各工况下采样点 R1 的 Mises 应变时程曲线,如图 8‑41 所示。

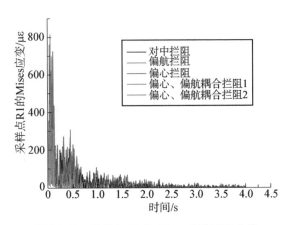

图 8‑41　采样点 R1 的 Mises 应变时程曲线

由图 8‑41 可知,机翼上采样点 R1 的 Mises 应变在计算开始后迅速增大到 800 $\mu\varepsilon$,然后持续振荡减少到 220 $\mu\varepsilon$,随后保持在这一定值附近振荡。到 0.5 s 左右,Mises 应变降低至 100 $\mu\varepsilon$,然后保持在这一定值附近振荡。直到 1.0 s 左右,Mises 应变减小至 70 $\mu\varepsilon$ 以下。各拦阻工况对机翼上 Mises 应变随时间响应规律无明显影响。

根据所有工况下机身上采样点的 Mises 应变,提取其瞬态峰值。结合机翼上采样点(见图 8‑36),沿着机翼取采样点的 Mises 应变瞬态峰值可作图 8‑42。

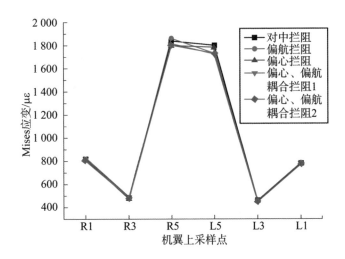

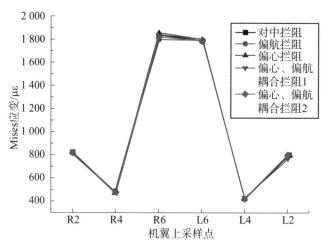

图 8‑42　机翼上采样点 Mises 应变

由图 8‑42 分析可知,机翼上的 Mises 应变变化规律为从两侧翼尖向中间先减小后增大。机翼上 Mises 应变在两侧机翼与机身连接处最大,为 1 870 $\mu\varepsilon$。飞机左右两侧机翼上的 Mises 应变有轻微的差别,总体上来看还是呈对称关系的。机翼上 Mises 应变瞬态峰值的变化范围为 450~1 870 $\mu\varepsilon$。对比各拦阻工况下机翼上采样点的 Mises 应变,可见偏心、偏航拦阻对机翼上 Mises 应变的分布规律无影响。

8.6　风浪作用下的着舰响应分析

航空母舰在海面上受到风浪等因素的影响,会产生各种不规则的运动,其中以横摇和纵摇对航空母舰的影响最为显著。航空母舰的不规则运动使得舰载无人机在拦阻着舰时相对于航母甲板的运动变得复杂,增加了舰载无人机顺利挂索的难度,在垂直方向上产生的相对速度差会影响舰载无人机着舰与甲板之间的冲击力,过大的冲击力会对起落架和机身结构造成破坏。

实际环境中舰载无人机受到来自各个方向气流的影响,其中以沿着左右机翼与航向垂直的侧风对机身着舰飞行轨迹的影响最大,风速达到一定程度的侧风产生的过大偏心距甚至会危害舰载无人机拦阻着舰的安全。

本节考虑舰载无人机着舰过程中受到风浪的影响,在 Adams 中分别建立包含侧风、横摇和纵摇运动的仿真动力学模型,然后对仿真结果进行分析。

8.6.1　仿真模拟条件

仿真模拟条件与 7.7 节中的设置保持一致。

8.6.2　飞机姿态结果分析

（1）飞机质心位移、速度与加速度的仿真结果如图 8-43 至图 8-45 所示。

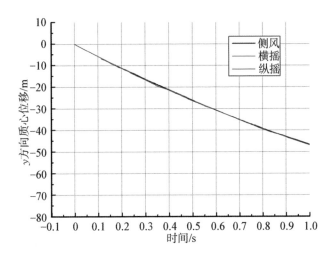

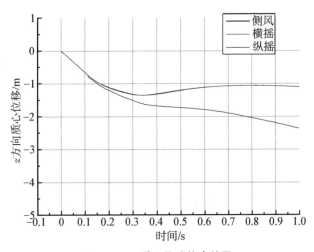

图 8-43　质心位移仿真结果

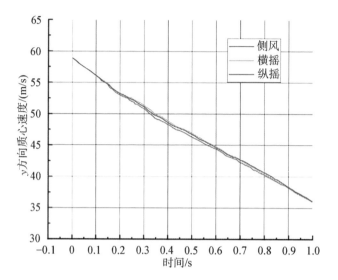

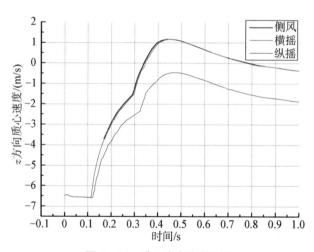

图 8 - 44　质心速度仿真结果

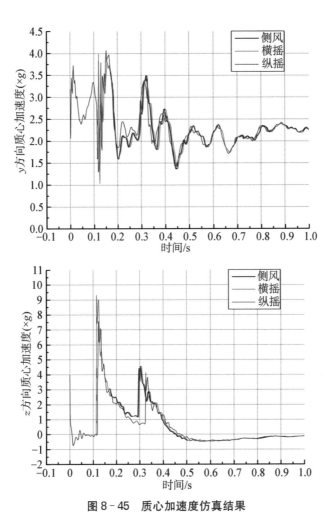

图 8-45 质心加速度仿真结果

滑行时长前 1.0 s,三种工况下的飞机拦阻滑行距离一致,滑行距离为 48 m。纵摇运动导致在飞机着舰航线上产生了 z 方向的上下运动,导致在纵摇工况下飞机质心的 z 方向位移与其他两种工况下的位移变化规律存在一定偏差。而横摇运动的转动轴与飞机着舰的 y 方向航线基本重合,所以横摇工况下对飞机质心 z 方向位移不产生影响。

飞机拦阻过程中前 1.0 s,y 方向速度线性下降,三种工况下速度曲线没有太大差异。侧风和横摇运动下的飞机质心 z 方向速度曲线吻合较好。纵摇运动在甲板上产生 z 方向三角函数运动,其运动速率一直在变化,导致在飞机质心 z 方向速度上纵摇运动与其他两种工况存在一定差异。

　　三种工况下飞机 y 方向加速度与拦阻加速度曲线的趋势相同,在挂索时加速度达到 $4.03g$,之后在拦阻加速度值上下振荡。z 方向的加速度曲线趋势一致,在主起接触地面时加速度达到 $9.31g$。

　　(2) 俯仰角与钩甲角的仿真结果如图 8-46 和图 8-47 所示。

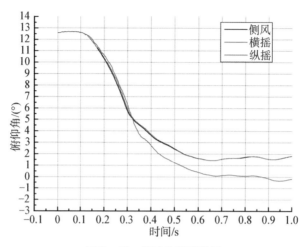

图 8-46　俯仰角仿真结果

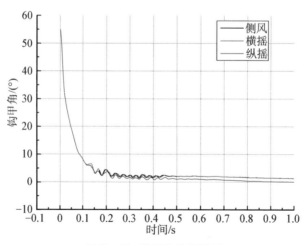

图 8-47　钩甲角仿真结果

　　在纵摇运动下甲板沿着航向逐渐下沉,导致在前起落架着舰时的俯仰角小于其他两种工况;同时造成机头前倾,引起着舰后的钩甲角相对侧风和横摇下的略小。

　　(3) 轮心与拦阻钩头离地高度的仿真结果如图 8-48 所示。

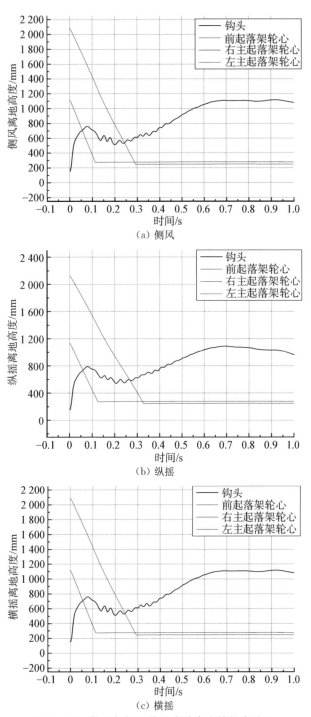

（a）侧风

（b）纵摇

（c）横摇

图 8-48　轮心与拦阻钩头离地高度的仿真结果

注:由于仿真模型左右完全对称,因此左右主起落架轮心曲线完全重合。

在侧风和横摇工况下,主起落架在 0.113 8 s 时接触地面,主起落架未弹起,左右主起落架离地高度曲线基本重合。前起落架在 0.292 s 时接触地面,同样未弹起。在纵摇工况下,纵摇运动导致甲板沿着航向逐渐在 z 方向下降,前起落架的触舰时间延后至 0.33 s,主起落架着舰时间为 0.126 s。

(4)气动载荷仿真结果如图 8-49 至图 8-51 所示。

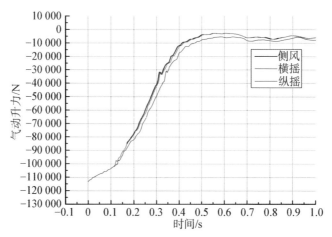

图 8-49 气动升力仿真结果

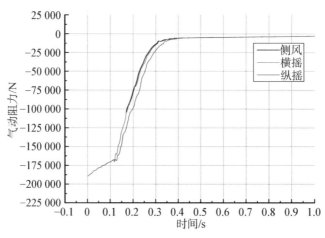

图 8-50 气动阻力仿真结果

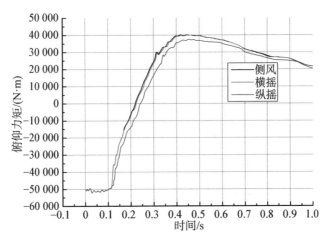

图 8‒51　俯仰力矩仿真结果

　　气动升力和气动阻力随着速度下降而迅速下降。在纵摇工况下飞机质心 z 方向速度小于侧风和横摇工况下的速度,导致纵摇运动下的气动升力、气动阻力和俯仰力矩在飞机触舰后小于其他两种工况。俯仰力矩在发动机关闭之后迅速减小,之后随着速度下降而减小。

　　(5) 起落架支反力仿真结果如图 8‒52 至图 8‒54 所示。

　　纵摇工况下的前起落架缓冲力最大值为 440 kN,主起落架缓冲力最大值为 350 kN。侧风与横摇工况下的前起落架缓冲力最大值为 370 kN,主起落架缓冲力最大值达到 400 kN 以上。纵摇运动导致主起落架触舰时的 z 方向速度偏小,造成纵摇工况下的主起落架缓冲力幅值小于其他两种工况。在前起落架触舰时,纵摇运动导致前起落架上下筒之间的相对速度较大,造成纵摇工况下前起落架的最大缓冲力大于其他两种工况。侧风与横摇工况下的前起落架、主起落架轮胎支反力分别为 460 kN 和 600 kN,纵摇工况下的前起落架、主起落架轮胎支反力分别为 370 kN 和 490 kN。纵摇工况下的飞机质心 z 方向速度小于其他两种工况,造成轮胎对地面的冲击程度比其他两种工况偏小,所以前起落架和主起落架轮胎的支反力都小于侧风和横摇两种工况。

8.6.3　机身强度结果分析

　　在机身中段上选取过载关键点,得到在侧风、横摇和纵摇三种工况下它们前一秒的航向过载峰值与时程曲线。选取机身下侧横向加强框和纵向梁连接处的点,输出其航向过载时程曲线。机身选点如图 8‒55 所示。

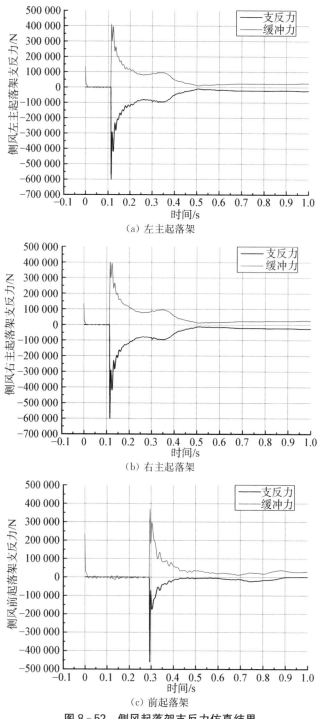

（a）左主起落架

（b）右主起落架

（c）前起落架

图 8-52　侧风起落架支反力仿真结果

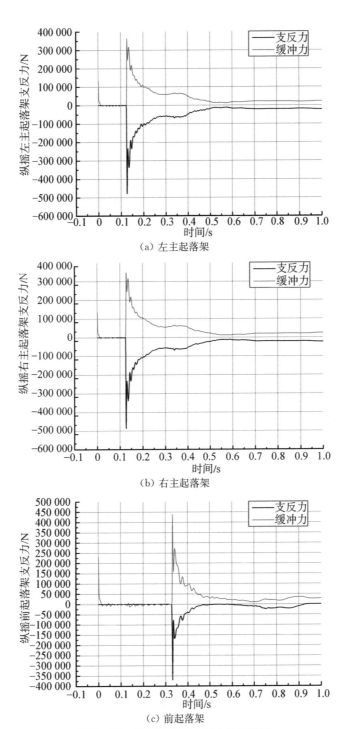

（a）左主起落架

（b）右主起落架

（c）前起落架

图 8-53　纵摇起落架支反力仿真结果

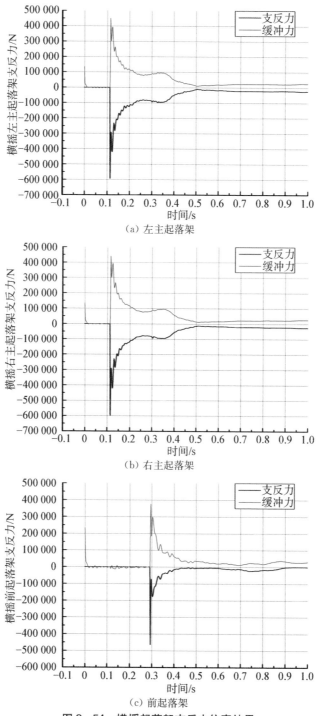

（a）左主起落架

（b）右主起落架

（c）前起落架

图 8 - 54 横摇起落架支反力仿真结果

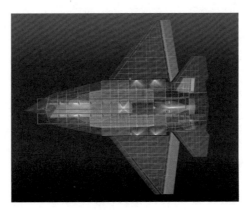

图 8-55　机身选点图

在机身纵梁、起落架连接位置和拦阻钩处提取 32 个典型航向过载点，得到它们的航向过载峰值，如表 8-7 所示。

表 8-7　航向过载峰值

典型航向过载点编号	坐标			航向过载峰值（×g）		
	x/mm	y/mm	z/mm	侧风	纵摇	横摇
1	−431	1 657	−526	23.1	20.1	23.2
2	431	1 657	−526	23.4	20.1	23.5
3	−431	2 386	−592	23.5	20.3	23.6
4	431	2 386	−592	23.8	20.4	23.9
5	−431	2 991	−598	22.9	18.9	23.0
6	431	2 991	−598	23.0	19.0	23.1
7	−430	3 790	−599	16.5	13.6	16.5
8	430	3 790	−599	16.4	13.6	16.5
9	−430	4 630	−600	9.8	9.8	9.8
10	430	4 630	−600	9.4	9.5	9.4
11	−430	5 450	−600	8.5	8.3	8.5
12	430	5 450	−600	8.3	8.1	8.3
13	430	6 079	−600	12.2	12.4	12.2
14	−430	6 079	−600	12.4	12.6	12.4
15	−430	6 650	−600	22.1	22.4	22.1

（续表）

典型航向过载点编号	坐标			航向过载峰值(×g)		
	x/mm	y/mm	z/mm	侧风	纵摇	横摇
16	430	6 650	−600	21.4	21.7	21.4
17	−430	7 380	−600	26.5	26.9	26.5
18	430	7 380	−600	25.7	26.1	25.7
19	−430	7 915	−600	13.4	11.8	13.4
20	430	7 915	−600	13.0	10.6	13.0
21	−430	8 660	−600	16.4	16.5	16.4
22	430	8 660	−600	14.6	14.7	14.6
23	−430	9 110	−599	30.1	25.3	30.1
24	430	9 110	−599	29.4	26.0	29.4
25	340	9 975	−365	58.0	51.8	58.2
26	−340	9 975	−565	39.6	38.3	40.8
27	−600	10 860	−470	25.3	22.8	25.4
28	600	10 860	−470	28.5	25.2	28.6
29	−636	11 216	−412	25.2	22.9	25.2
30	636	11 216	−412	28.5	25.3	28.6
31	−679	11 610	−337	24.9	22.8	25.0
32	714	11 610	−283	27.3	24.4	27.3

表 8 - 7 列出了三种工况下机身纵梁和加强框连接点处的航向过载。可以看出，侧风与横摇工况下的过载点峰值几乎一致，而纵摇工况下大多数过载点的过载明显小于其他两种工况。因为在纵摇运动下，甲板由初始相位保持水平转变为沿着飞机航向逐渐下降，这种航向上的甲板高度差使飞机沿着航向正方向有一个小加速度，它的方向与原有的加速度方向相反，所以造成了纵摇工况下航向过载峰值小于其他两种工况。过载在机身左右两侧基本对称，靠近拦阻钩位置处的过载点 25 过载最大，达到了 58.2g。

根据图 8 - 55 中的机身选点图，提取表 8 - 7 中的过载峰值，得到如图 8 - 56 所示的航向过载沿机身分布曲线。

三种工况下机身航向过载时程曲线的趋势基本相同，下面列出机身前、中、后段部分点的航向过载时程曲线，如图 8 - 57 至图 8 - 59 所示。

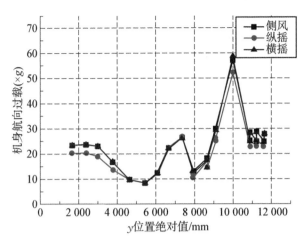

图 8-56　航向过载沿机身分布曲线

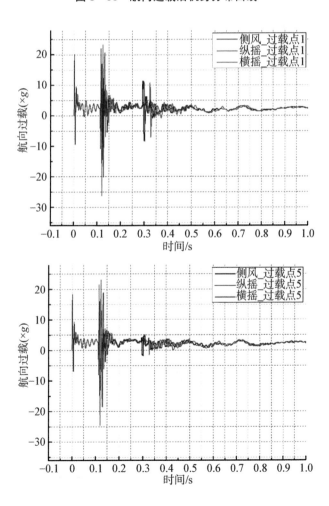

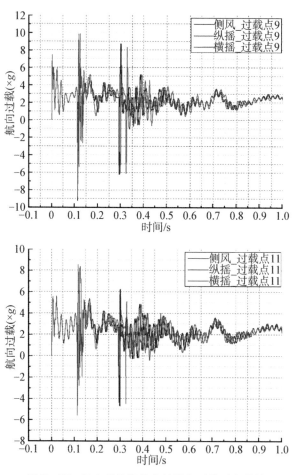

图 8 - 57　机身前段部分点的航向过载时程曲线

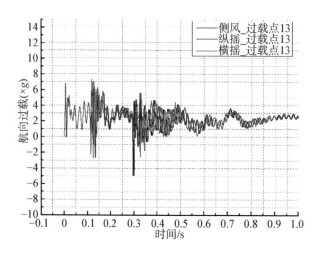

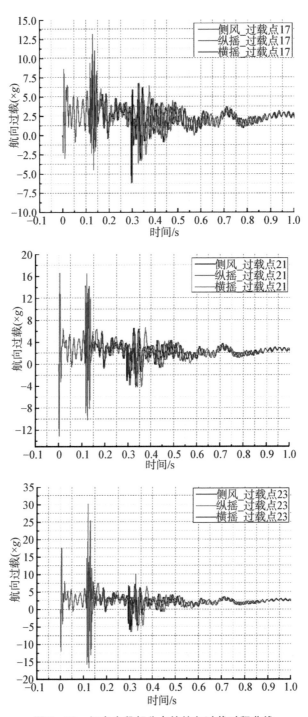

图 8-58 机身中段部分点的航向过载时程曲线

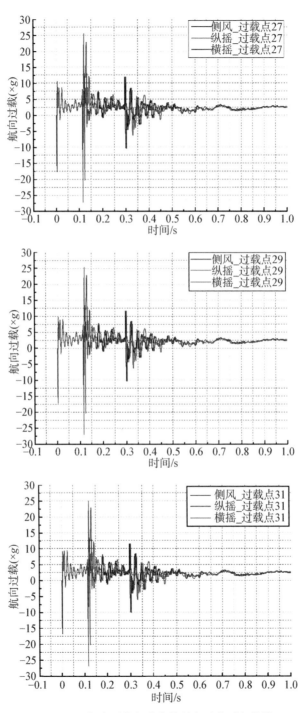

图 8-59 机身后段部分点的航向过载时程曲线

由图 8-57 可知,侧风与横摇工况下的机身前段点航向过载时程曲线趋势基本一致,表明侧风与横摇对过载点的过载基本没有影响。纵摇运动带来的甲板高度差产生的沿着航向正方向的过载削弱了原有方向为航向反方向的过载值,叠加纵摇运动绕着 x 轴向负 z 轴方向的转动,造成纵摇工况下拦阻钩钩锁和起落架触舰时间晚于其他两种工况。

由图 8-58 可知,三种工况下机身中段点的过载趋势与机身前段点基本一致。侧风与横摇对机身中段点的航向过载几乎没有影响,纵摇运动对机身中段点的航向过载幅值有削弱作用,对过载随时间变化的趋势存在滞后影响。

由图 8-59 可知,机身后段过载时程趋势与机身前、中段相同。侧风、横摇和纵摇对机身后段点的航向过载影响与机身前、中段保持一致。

8.6.4　起落架和拦阻钩与机身连接处过载结果分析

拦阻钩与机身连接处主要考虑航向过载,起落架和机身连接处主要考虑垂向过载。三种工况下起落架和拦阻钩与机身连接处的航向和垂向过载峰值如表 8-8 所示。

表 8-8　三种工况下起落架和拦阻钩与机身连接处航向和垂向过载峰值

典型航向过载点编号	部位	坐标			航向过载峰值($\times g$)			垂向过载峰值($\times g$)		
		x/mm	y/mm	z/mm	侧风	纵摇	横摇	侧风	纵摇	横摇
33	前起落架	−430	2 520	−185	25.9	22.0	26.0	65.3	63.7	64.8
34		430	2 520	−185	26.0	21.7	26.1	66.1	64.8	65.5
35		−430	3 870	−10	26.1	21.5	26.2	47.1	46.1	46.7
36		430	3 870	−10	26.2	21.5	26.4	47.9	47.2	47.5
37	右主起落架	1 260	7 892	−170	28.7	22.1	28.8	98.6	58.5	103.1
38		1 900	7 469	470	27.1	21.7	27.2	94.6	57.6	98.6
39	左主起落架	−1 260	7 892	−170	28.4	22.8	28.5	97.4	52.6	102.7
40		−1 900	7 469	470	26.6	21.6	26.7	92.7	48.7	98.0
41	拦阻钩	−322	10 179	−340	51.3	46.7	51.3	63.2	62.0	63.4
42		322	10 179	−340	57.6	52.3	57.8	68.4	59.1	68.3

　　从表 8-8 可以看出,侧风与横摇工况下的过载点峰值几乎一致,而纵摇下过载点的过载明显小于其他两种工况,与 8.6.3 节机身纵梁和加强框连接点处的过载规律及发生原因一致。过载在机身左右两侧基本对称,靠近左右主起落架位置的过载点过载最大,达到了 103.1g。

　　前起落架和加强杆与机身连接处的垂向过载仿真结果如图 8-60 所示。

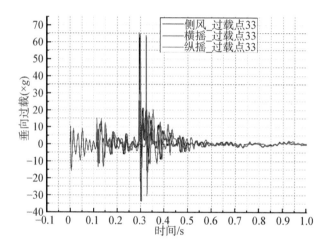

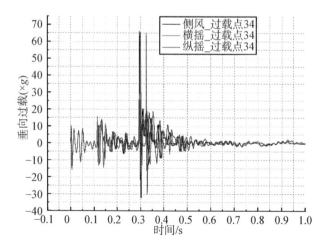

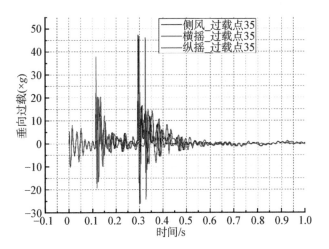

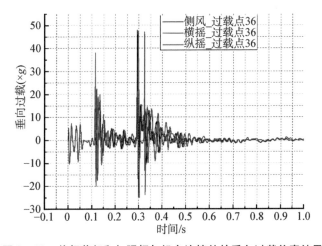

图 8-60 前起落架和加强杆与机身连接处的垂向过载仿真结果

3 种工况下 4 个连接点的垂向过载时程曲线趋势保持一致。纵摇运动下的
垂向过载峰值小于其他 2 种工况,并且过载峰值出现的时间也滞后于侧风与横
摇两种工况。过载时程曲线的 2 个峰值分别出现在主起落架触舰和前起落架触
舰时,最大垂向过载峰值达到 66.1g。

主起落架与机身连接处的垂向过载仿真结果如图 8-61 所示。

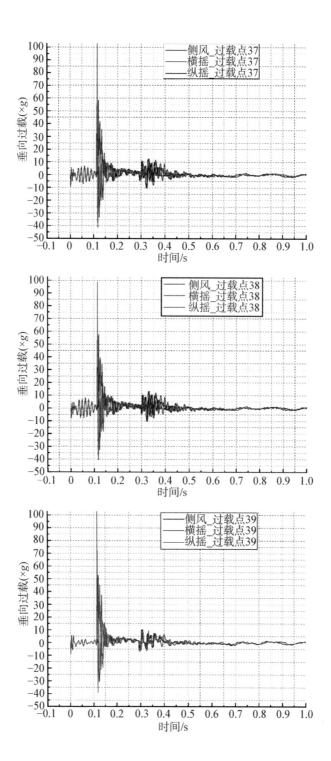

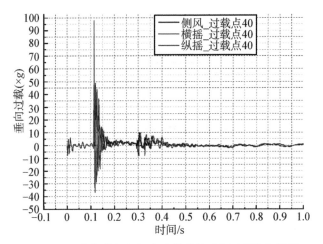

图8‑61 主起落架与机身连接处的垂向过载仿真结果

3种工况下主起落架点的垂向过载峰值最大达到103.1g，左右主起落架基本保持一致。向下转动的纵摇运动造成主起落架连接点的垂向过载峰值最大达到58.5g，相比其他2种工况的垂向过载峰值有较大削减。同理，假使主起落架触舰时的纵摇运动相位为甲板向上转动，则会存在主起落架连接位置点垂向过载过大的危险。

拦阻钩与机身连接处的航向过载仿真结果如图8‑62所示。

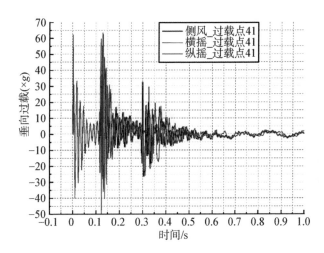

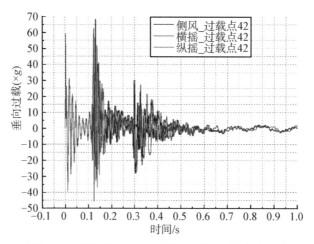

图 8-62　拦阻钩与机身连接处的航向过载仿真结果

　　拦阻钩与机身连接处的航向过载最大峰值为 $57.8g$。在纵摇运动下仍然会产生一个沿着航向正方向的小过载,与原有的航向过载方向相反,造成过载峰值比侧风和横摇工况下的峰值偏小。同样也会延迟拦阻钩触舰的时间。

8.6.5　机翼法向过载结果分析

　　选取左右机翼同一梁上的 36 个关键点,输出机翼法向过载时程曲线,选点位置如图 8-63 所示。

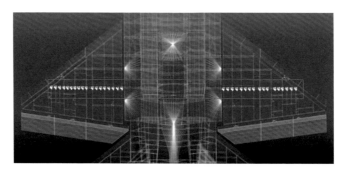

图 8-63　机翼法向过载点位置分布图

　　三种工况下机翼同一梁上点的法向过载峰值如表 8-9 所示。

表8-9　机翼同一梁上点的法向过载峰值

机翼典型法向过载点	坐标			法向过载峰值（×g）		
	x/mm	y/mm	z/mm	侧风	横摇	纵摇
1	2 001	8 660	390	55.7	60.7	31.9
2	2 351	8 660	384	57.6	62.2	33.4
3	2 700	8 660	376	57.7	62.0	33.9
4	3 020	8 660	367	56.4	60.4	33.4
5	3 421	8 660	353	45.9	49.3	27.3
6	3 718	8 660	340	38.7	41.4	23.1
7	4 011	8 660	323	31.2	33.1	18.7
8	4 301	8 660	304	23.6	24.6	15.4
9	4 647	8 660	273	15.0	15.0	13.2
10	−2 001	8 660	390	57.5	62.7	32.0
11	−2 351	8 660	384	57.9	63.0	31.2
12	−2 700	8 660	376	57.8	62.8	30.3
13	−3 020	8 660	367	57.4	62.3	29.4
14	−3 421	8 660	353	56.7	61.5	28.9
15	−3 718	8 660	340	55.5	60.1	28.4
16	−4 011	8 660	323	54.1	58.5	27.8
17	−4 301	8 660	304	44.8	48.8	24.9
18	−4 647	8 660	273	41.3	45.0	23.4

机翼法向过载点的法向过载仿真结果沿着 x 方向分布的趋势如图8-64所示。

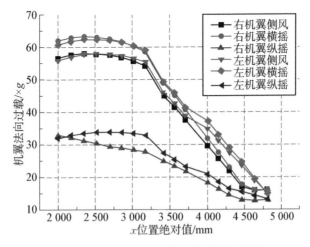

图8-64　机翼法向过载仿真结果分布图

由表 8-9 和图 8-64 可知,侧风与横摇两种工况的机翼点的法向过载差别不大,表明侧风与横摇对机翼点的法向过载没有明显影响。在纵摇运动下飞机触舰时,甲板有一个向下的速度,导致飞机与甲板在法向上的相对速度变化率减小,这就造成了纵摇运动下机翼点的法向过载值小于其他两种工况。机翼法向过载最大值位于靠近机身中段处,达到 $63g$,其分布趋势为沿着翼尖方向,机翼法向过载值逐渐变小。

左右机翼法向过载峰值最大点的法向过载仿真结果如图 8-65 所示。

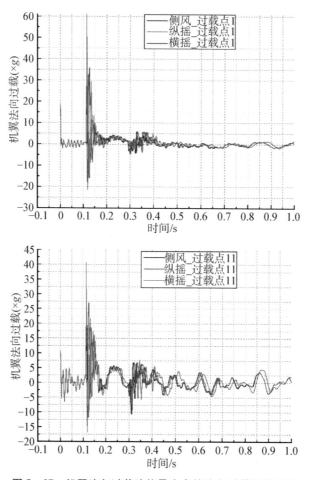

图 8-65 机翼法向过载峰值最大点的法向过载仿真结果

三种工况下机翼法向过载峰值出现在主起落架着陆时,随后迅速衰减。相较于侧风和横摇两种工况,纵摇工况下的法向过载峰值较小,出现时间也滞后。

8.6.6　起落架和拦阻钩与机身连接处应力结果分析

输出三种工况下起落架和拦阻钩与机身连接处在前一秒内的 Mises 应力峰值，如表 8 - 10 所示。

表 8 - 10　起落架和拦阻钩与机身连接处的 Mises 应力峰值

典型应力点编号	部位	坐标			Mises 应力峰值/MPa		
		x/mm	y/mm	z/mm	侧风	纵摇	横摇
1	前起落架	−430	2 520	−185	166.5	165.4	166.8
2		430	2 520	−185	186.4	178.6	186.7
3		−430	3 870	−10	97.1	75.2	97.2
4		430	3 870	−10	80.3	63.0	80.3
5	右主起落架	1 260	7 892	−170	335.3	281.0	335.1
6		1 900	7 469	470	42.1	32.4	42.1
7	左主起落架	−1 260	7 892	−170	322.0	273.0	322.3
8		−1 900	7 469	470	40.1	29.7	40.1
9	拦阻钩	−322	10 179	−340	20.0	18.4	20.0
10		322	10 179	−340	18.9	20.1	19.0

从表 8 - 10 可见，侧风与横摇工况下的应力峰值几乎一致，由于纵摇运动下机身的过载峰值小于侧风和横摇运动下的过载峰值，因此纵摇下的应力峰值小于其他两种工况。最大应力产生于主起落架连接位置，达到 335.3 MPa。

（1）前起落架和加强杆与机身连接处应力仿真结果如图 8 - 66 所示。

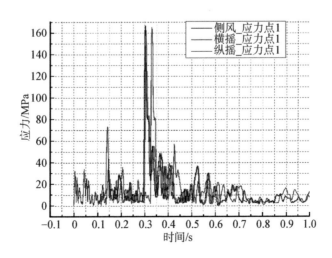

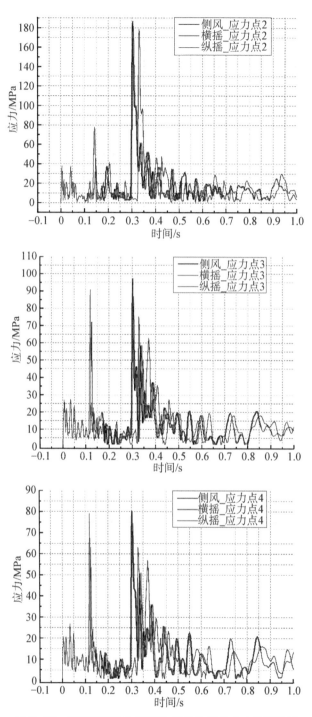

图 8-66　前起落架和加强杆与机身连接处应力仿真结果

由图 8-66 可知,由于侧风与横摇工况下前起落架和加强杆与机身连接点的过载几乎一致,所以应力时程曲线也保持一致,而纵摇运动下的应力时程曲线峰值小于其他两种工况,峰值出现的时间也滞后于其他两种工况,其发生在前起落架触舰时,峰值达到 178.6 MPa。

(2) 主起落架与机身连接处应力仿真结果如图 8-67 所示。

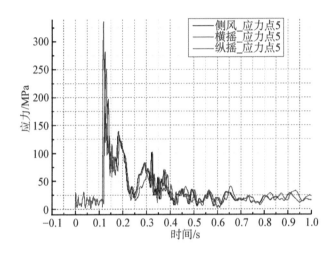

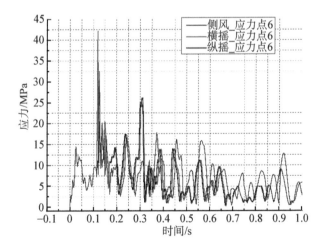

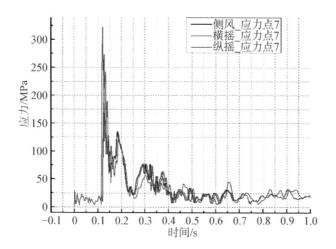

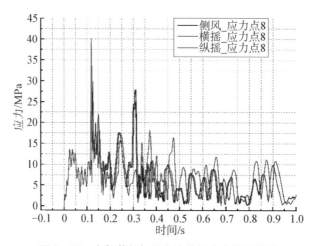

图 8‐67　主起落架与机身连接处应力仿真结果

　　三种工况下左右主起落架应力变化趋势基本保持一致，主起落架的应力峰值在其触舰时达到最大值 335.3 MPa。与前起落架应力点的变化相同，在纵摇运动下主起落架的应力峰值变小、应力峰值出现时间滞后。

　　（3）拦阻钩与机身连接处应力仿真结果如图 8‐68 所示。

　　由于拦阻钩与机身连接处的结构厚度比起落架连接处的明显增加，所以拦阻钩处点的应力峰值小于起落架处的应力峰值。纵摇运动的作用规律与之前保持一致：应力值减小，应力峰值出现时间延缓。

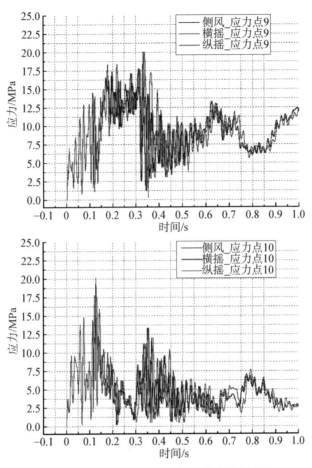

图 8‐68　拦阻钩与机身连接处应力仿真结果

8.6.7　机翼应变结果分析

选取机翼上 6 个典型点,得到它们在三种工况下前一秒内的应变峰值和时程曲线仿真结果,如表 8‐11 和图 8‐69 至图 8‐71 所示。

表 8‐11　机翼选点应变峰值

机翼典型应变点编号	坐　标			应变峰值/$\mu\varepsilon$		
	x/mm	y/mm	z/mm	侧风	纵摇	横摇
1	3 181	9 378	167	30.7	30.0	30.7
2	3 181	8 660	217	140.1	121.8	140.1
3	3 181	7 915	250	114.5	103.1	114.5
4	−3 181	7 915	250	180.8	162.0	181.0
5	−3 181	8 660	217	108.0	92.1	108.0
6	−3 181	9 378	167	99.8	84.1	99.8

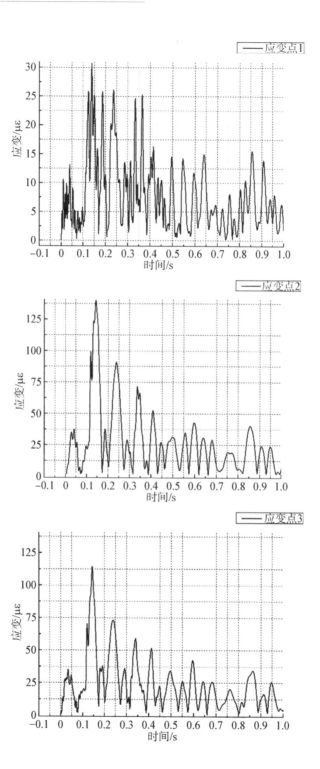

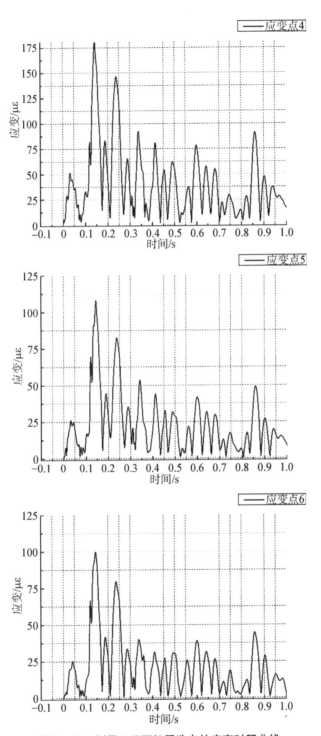

图 8-69 侧风工况下机翼选点的应变时程曲线

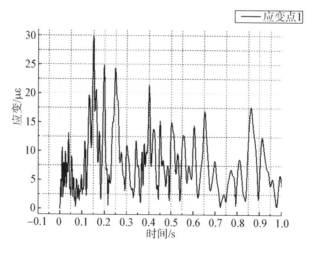

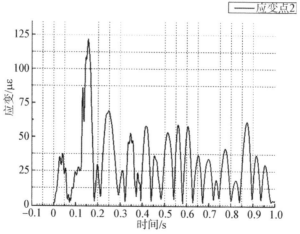

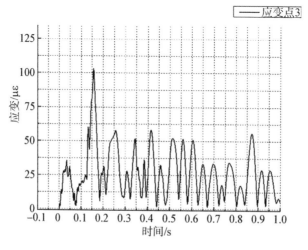

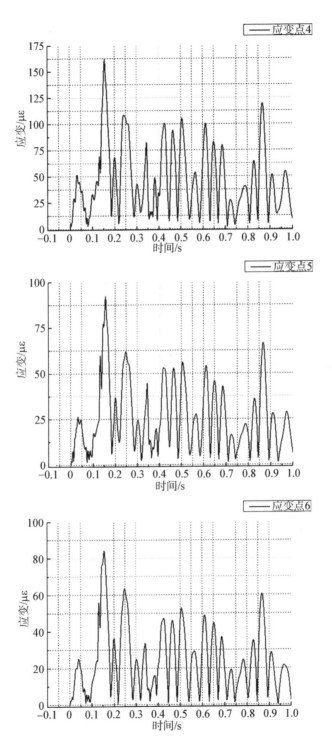

图 8-70 纵摇工况下机翼选点的应变时程曲线

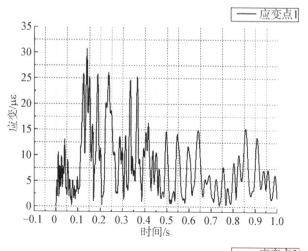

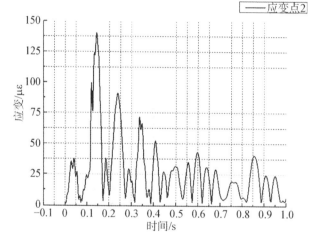

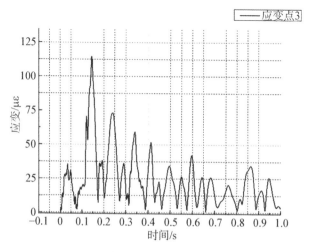

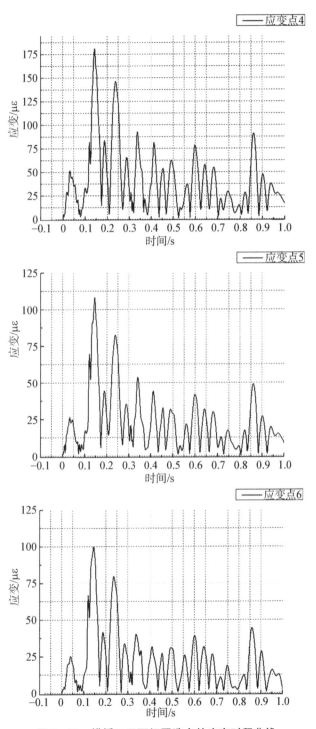

图 8-71　横摇工况下机翼选点的应变时程曲线

由图 8 - 69 至图 8 - 71 可见，侧风与横摇两种工况下的应变随时间变化的曲线趋势几乎一致，由于纵摇工况下的应力值小于其他两种工况，所以其应变峰值也小于其他两种工况。同样，应力峰值的延后出现，导致纵摇工况下应变峰值的滞后。其中三种工况下的最大应变值为 181 $\mu\varepsilon$。

8.7　小结

本章基于多体系动力学软件 Adams 建模，介绍了对典型舰载无人机拦阻着舰全过程的动强度分析方法，对拦阻着舰全过程仿真的边界条件和参数进行了详细介绍。在对中拦阻条件下，对机体姿态、机身纵向过载、机翼垂向过载、机身应力及机翼应变结果进行了分析，并进一步考虑了非对称着舰和风浪的作用，与对中拦阻进行对比分析。在此基础上结合 4.1.1 节中所述结构动强度设计准则，对数值分析所获得的应力结果进行分析处理，可为机体结构设计提供重要参考和依据。

第 9 章　舰载无人机结构弹射/拦阻测试与验证

　　舰载无人机结构必须承受弹射起飞和拦阻着舰冲击过载,在兼顾与弹射/拦阻装置适配性且有效控制质量的同时,高效的动态载荷承受形式和合理的动态载荷衰减路径是结构设计的主要目标。因此,综合考虑舰载无人机起飞和着舰环境,建立一套集数据采集、监视与试验于一体的结构测试系统,是实现和验证该目标的必要手段。通常舰载无人机结构测试系统既要对无人机结构关键部件的载荷传递情况进行监测,又要实现飞机全状态数据的采集,以形成数据库,并与设计数据进行对比分析,实现测试与验证的目的。

9.1　结构测试系统组成

　　舰载无人机结构测试子系统是全机测试系统的一部分。在《测试与诊断术语》(GJB 3385A—2020)中提出了测试性的定义:产品能及时并准确地确定其工作状态(可工作、不可工作或性能下降),并隔离其内部故障的一种设计特性。飞机结构测试属于一种新的测试技术,与系统测试性在功能定义以及操作流程上有较大区别,其主要目的是实现故障预测、健康管理以及数据储备。

　　舰载无人机结构测试系统的作用是获取充分的飞机全状态数据,实现对飞机飞行全过程的实时监控,保证飞行安全;同时积累数据,对飞机弹射、拦阻过程测试数据进行分析,逆向验证设计过程的准确性。典型舰载无人机结构测试系统应满足如下要求:

　　(1) 具有数据测量能力。

　　(2) 具有重点位置拍摄能力。

　　(3) 具有数据采集能力。

（4）具有数据记录能力。

舰载无人机弹射/拦阻过程是典型的承受瞬时大过载冲击的过程,安装在飞机结构上的测试设备应该具有足够的抗过载能力,保证飞机在承受大过载冲击的过程中能够正常工作。测试系统属于舰载无人机的一个子系统,为了保证飞机在全工作状态下正常运行,测试系统还需要满足飞机电磁兼容的要求。

为了满足舰载无人机测试系统的需求,一般情况下舰载无人机测试系统应具备数据测量功能、数据采集处理功能、测试数据记录功能和系统自检测功能。具备上述功能只能保证测试数据的完整性,不能保证有效性。因此,舰载无人机测试系统在具备上述功能的同时还必须具备满足要求的性能。

测试系统应该具有通道足够的结构应变测量能力,环境/结构振动、过载测量能力,视频监视能力。无论是结构应变或结构振动通道数量还是视频通路数据,均需要根据测试目的确定,并充分考虑测试数据量的大小,在必要的地方布置测试通道,而不是越多越好。测试系统的数据采集能力应该具有足够的系统测量精度和数据采样频率,根据舰载无人机弹射和拦阻冲击载荷时程及结构自身频响特性,一般情况下,系统测量精度优于 2%,振动、过载参数最大采样速率不小于 $5\,\mathrm{kHz}$,应变参数最大采样速率不小于 $64\,\mathrm{Hz}$。除此之外,为了保证测试系统正常运行,应该具备足够的视频数据压缩能力,满足测试数据记录容量要求。

舰载无人机测试系统的设计首先应该满足无人机验证试验时各个分系统的测试需求及主要性能指标,并尽量采用成熟的测试系统设计技术,以保证测试系统的稳定性和测试数据的有效性。为了保证飞机系统外观的完整性及实现测试目的,测量传感器通常需要安装在飞机结构内部,需要在飞机生产过程中完成传感器的安装和固定。在进行试飞验证试验时,往往会出现与设计有所出入的试飞验证数据;在试飞测试过程中,有时需要增加或更改测试需求,因此测试系统的数据采集功能应具有足够的可扩展性。经济性也是体现飞机竞争力的重要指标,在实现系统功能的前提下,保证测试系统的经济性。

舰载无人机测试系统由机载设备和地面设备组成。机载设备由应力应变片(单片和花片)、过载传感器(三轴和单轴)、弹射杆摄像仪、前起落架摄像仪、整机摄像仪、测试采集器、快取记录器组成,如图 9-1 所示。地面设备包括飞行监测和数据处理站,舰载无人机测试系统。

舰载无人机结构测试子系统设计与分析流程如图 9-2 所示。结构测试子系统设计属于飞机测试系统的一个分系统,因此其测试指标,比如测试通道数

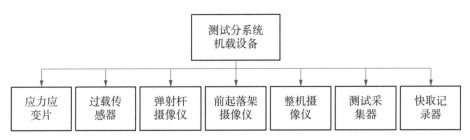

图 9‑1 测试系统机载设备组成

量、测试精度等均需要从飞机测试系统的角度进行整体考虑,并根据结构测试目的及重点关注区域对测试指标进行合理分配。结构测试通道并非越多越好,测试通道越多,测试代价越大,而且得到的非关注区域的测试数据意义并不大,同时在环境比较复杂的区域得到的测试数据不准确,可能是由多种原因导致的,并不能真实反映结构特性,且增加了数据分析难度。

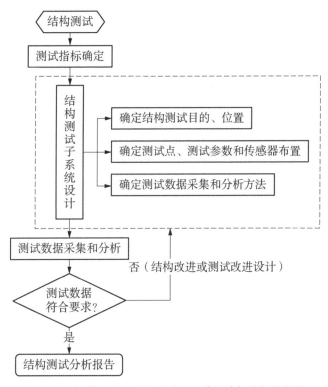

图 9‑2 舰载无人机结构测试子系统设计与分析流程图

确定结构测试目的、位置是结构测试子系统设计的第一步,也是关键的一步。之后,根据飞机载荷传递路径及前期对飞机结构响应的分析,确定测试点传感器的布置和测试参数,传感器应布置在重点关注的结构部件上,而测试的参数需要充分考虑其动态测量能力和动态测量精度。最后,测试数据的采集和分析是测试环节中最重要的一环,而对动态和瞬态冲击数据的分析及工程应用一直都是现代飞机设计研究的重点。

对舰载无人机,弹射起飞时结构直接承受来自前起落架的弹射冲击载荷,拦阻着舰时直接承受来自拦阻钩的拦阻冲击载荷。为了监测弹射起飞和拦阻着舰过程中机体结构的动态响应,根据弹射及拦阻载荷传递路径,在机体结构典型站位面和重要机载设备安装位置处布置动态加速度传感器及动态应变传感器。典型舰载无人机机身结构动态过载传感器布置如图 9-3 所示。

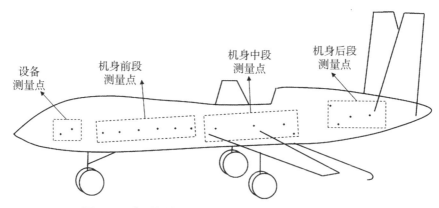

图 9-3　典型舰载无人机机身结构动态过载传感器布置

9.2　数据采集与分析

采集舰载无人机试飞验证测试系统的试验数据后统一存储于飞行记录数据中,主要形式为快取记录数据。

下面以典型舰载无人机某次弹射起飞的试验验证数据为例,对舰载无人机测试系统数据采集进行说明。

该次飞行试验中,弹射测试分系统供电状态如图 9-4 所示。

图 9-4　弹射测试分系统供电状态

　　弹射测试分系统统一上下电,具体时间如下:上电——00:01:42(相对时间);下电——01:09:06(相对时间)。下文针对该时间段进行分析。

　　测试采集记录设备上电自检状态如图9-5所示,周期自检状态如图9-6所示,启动自检状态如图9-7所示,测试采集记录设备工作正常。

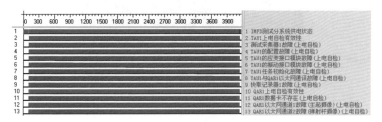

图9-5　测试采集记录设备上电自检状态

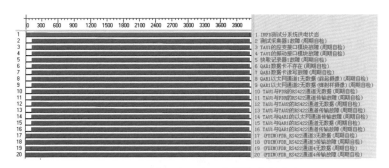

图9-6　测试采集记录设备周期自检状态

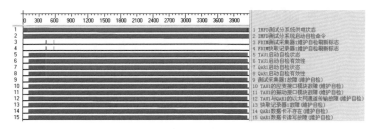

图9-7　测试采集记录设备启动自检状态

　　弹射杆摄像仪、主起落架摄像仪及拦阻钩摄像仪的视频拍摄、传输功能正常,其在综检车检查、起飞过程、着舰过程中根据启停指令进行拍摄,画面正常稳定,主起落架摄像仪画面如图9-8所示。

图 9-8   主起落架摄像仪画面

对舰载无人机结构设计而言,结构测试系统包括应变测试和振动加速度测试两部分。飞机基本都为对称结构,因此当在关键部位布置无人机结构测量传感器时,在充分考虑数据采集通道限制的情况下尽量采用对称布置,这样的目的有两个:一是可以充分监测飞机飞行状态,通过传感器测量数据分析飞机受载情况;二是可以避免由于传感器安装不到位或者传感器失效等造成关键部位测量数据缺失。

在上述某次弹射起飞的某个时段中,飞机结构应变片的测量应变时程曲线如图 9-9 所示。由此可知,位于前起落架舱壁板上的应变在舰载无人机张力销断裂瞬间出现较大值,而其余时刻均在较小范围内波动。

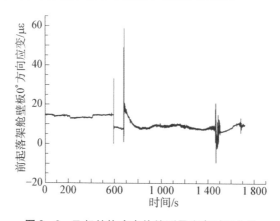

图 9-9   飞机结构应变片的测量应变时程曲线

该次舰载无人机弹射起飞过程中的某个失效应变片测量数据如图 9-10 所示。经过故障分析和排查,出现该故障的原因为应变片损坏,导致输出电压信号异常。

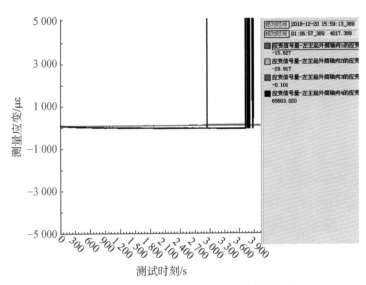

图 9‑10　左主起外筒轴向 4 应变片信号异常

在上述弹射起飞的某个时段中,飞机结构过载传感器测量的过载时程曲线如图 9‑11 和图 9‑12 所示,图中 1 个时标表示 100 ms。图 9‑11 所示为位于前起落架轮轴上的过载传感器测量数据,而图 9‑12 所示为位于前起落架转轴壁板上的过载传感器测量数据。由图 9‑11 和图 9‑12 可知,在张力销断裂瞬间,飞机结构承受短时大冲击过载,而前起落架由于直接承受弹射载荷,因此其过载峰值远大于前起落架壁板过载峰值。

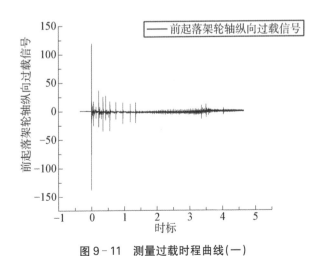

图 9‑11　测量过载时程曲线(一)

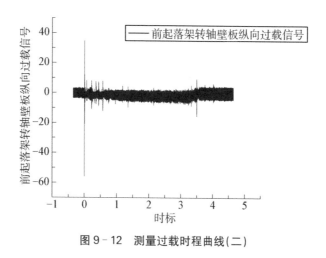

图 9‑12   测量过载时程曲线(二)

9.3   测试数据的工程应用

对舰载无人机结构设计而言,试飞试验验证数据是对设计合理性和准确性最直接的反馈。应变片数值的大小可以直接反映试飞试验过程中飞机的结构强度,过载测量结果也可以直接反映试飞试验过程中飞机承受的载荷,可对飞机结构、设备及各类成品的安全性和可靠性进行分析和判断。但是,舰载无人机从弹射起飞到空中飞行再到拦阻着舰,这一个完整的过程往往需要一段较长的时间,且各专业测量数据相互混杂,导致测量数据类型多、数量大。因此,舰载无人机结构特性试飞验证数据的工程应用是一项非常复杂的工作,需要结构设计人员筛选出对结构设计有用的测量数据并进行处理,与设计理论数据进行对比,达到逆向反馈设计的目的。

现以 9.2 节所述的典型舰载无人机弹射起飞过程中的结构测量数据进行分析和工程应用说明。提取部分试飞试验测量位置上的加速度、应变进行分析,并将试验数据与动响应仿真结果进行对比分析。本节中的仿真结果为第 7 章所述的典型舰载无人机弹射起飞动响应仿真结果。

图 9‑13 上侧所示为典型舰载无人机弹射起飞过程试验中在起落架外筒上测量的过载时程曲线,下侧为该处动响应仿真计算的过载时程曲线。由图 9‑13 可知,该处仿真计算得到的过载与试验测量值趋势基本一致,仿真计算得到的过载峰值比试验测量的峰值结果大 6%。

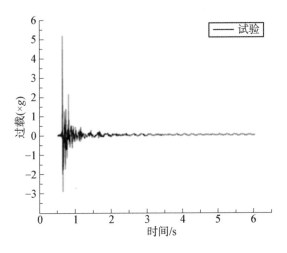

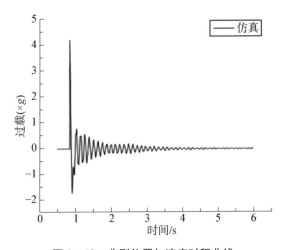

图 9‐13　典型位置加速度时程曲线

　　在该舰载无人机机身上沿逆航向站位布置过载测量点,各测量点过载峰值的地面飞行弹射试验实测结果与仿真结果对比如图 9‐14 所示。从图 9‐14 可以看出,弹射起飞过程中,舰载无人机上的过载传感器测量峰值沿逆航向呈现逐渐衰减的趋势。试验结果显示,飞机上的过载峰值沿逆航向衰减了 72%;仿真结果显示,飞机上的过载峰值沿逆航向衰减了 69%。舰载无人机弹射起飞机上试验各测量点过载峰值与仿真结果吻合得较好,进一步验证了数值模拟方法的可行性和准确性。

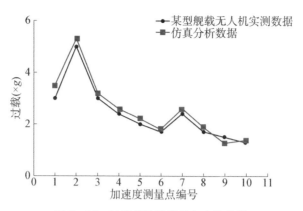

图 9-14 过载峰值沿逆航向变化趋势

舰载无人机在弹射起飞和拦阻着舰过程中的应变数据直接反映了飞机结构的强度特性。对于复合材料结构,由于其为各向异性材料,故直接采用应变结果对复合材料结构进行强度分析。而对于金属结构,通常采用材料应力对结构强度进行表征,因此需要将金属结构上的应变值转化为应力值后,与材料强度进行对比,以分析金属结构的安全性。

金属材料应力计算方法如下:

单片应变计算应力公式为

$$\sigma = E\varepsilon \tag{9-1}$$

式中:E 为材料弹性模量;ε 为应变量。

花片应变计算主应变公式为

$$\varepsilon_{max} = \frac{\varepsilon_0 + \varepsilon_{90}}{2} + \frac{1}{\sqrt{2}} \times \sqrt{(\varepsilon_0 - \varepsilon_{45})^2 + (\varepsilon_{45} - \varepsilon_{90})^2} \tag{9-2}$$

$$\varepsilon_{min} = \frac{\varepsilon_0 + \varepsilon_{90}}{2} - \frac{1}{\sqrt{2}} \times \sqrt{(\varepsilon_0 - \varepsilon_{45})^2 + (\varepsilon_{45} - \varepsilon_{90})^2} \tag{9-3}$$

式中:ε_0 为 0°方向应变量;ε_{45} 为 45°方向应变量;ε_{90} 为 90°方向应变量。

花片应变计算主应力公式为

$$\sigma_{max} = \frac{E}{2}\left[\frac{\varepsilon_0 + \varepsilon_{90}}{1-\mu} + \frac{\sqrt{2}}{1+\mu} \times \sqrt{(\varepsilon_0 - \varepsilon_{45})^2 + (\varepsilon_{45} - \varepsilon_{90})^2}\right] \tag{9-4}$$

$$\sigma_{min} = \frac{E}{2}\left[\frac{\varepsilon_0 + \varepsilon_{90}}{1-\mu} - \frac{\sqrt{2}}{1+\mu} \times \sqrt{(\varepsilon_0 - \varepsilon_{45})^2 + (\varepsilon_{45} - \varepsilon_{90})^2}\right] \tag{9-5}$$

式中:E 为材料弹性模量;ε_0、ε_{45}、ε_{90} 分别为 $0°$、$45°$、$90°$方向应变量;μ 为泊松比。

　　同样,选取飞机结构起落架舱壁板以及框之间的纵向壁板和机身前段下大梁共 4 个位置处的应变,进行对比分析。图 9 - 15 所示为弹射起飞机上试验测量和动响应仿真应变时程曲线的比较,可以看出应变沿逆航向同样呈现逐渐递减的趋势,试验与仿真结果基本吻合。

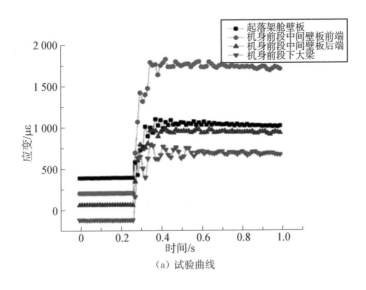

(a) 试验曲线

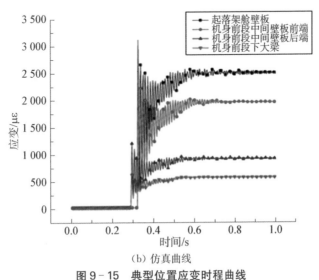

(b) 仿真曲线

图 9 - 15　典型位置应变时程曲线

　　由舰载无人机弹射起飞机上试验和仿真分析对比可知,两者在过载和应变的大小和分布方面都吻合得较好,因而该设计仿真分析方法可为飞机结构设计提供依据。而舰载无人机弹射起飞过程中另一个需关注的信息就是金属结构机身的应力分布,因为它直接关系到机身各部分的强度。

　　从机身结构应变的分布情况可以看到,越靠近弹射杆施力点,应变峰值越大;离施力点越远,应变峰值越小。可以推测得到:其应力的分布也应该是这个趋势。上述起落架舱壁板以及框之间的侧壁板和机身前段下大梁 4 个位置处弹射起飞过程中的应力时程曲线如图 9-16 所示。由此可知,舰载无人机应力峰值出现在张力销拉断的瞬间,然后迅速降低,并在弹射载荷作用下保持相对平稳。

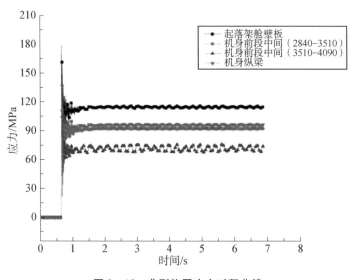

图 9-16　典型位置应力时程曲线

　　图 9-17 所示为该舰载无人机机身上沿逆航向站位应力峰值的试验测量结果与仿真结果对比。由此可知,机身应力也满足应变分布的规律:离弹射力施力点越近,应力越大;离施力点越远,应力越小。试验测量机身应力最大值达到 182 MPa,发生在前起落架壁板上,低于该处金属结构材料(7050)的许用应力,该位置动响应仿真应力为 230 MPa。机身各部件应力测量结果对比结构材料强度表明,弹射过程中机身结构是安全的。

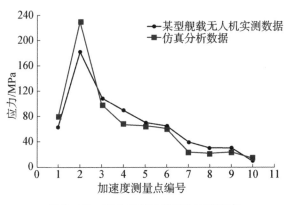

图 9‑17　应力峰值沿逆航向变化趋势

9.4　小结

本章介绍了舰载无人机机体结构在弹射起飞和拦阻着舰工况下机身测试系统的设计及数据采集,并基于典型舰载无人机弹射起飞机上测试结果,结合第 7 章所述的弹射起飞动响应仿真进行了对比分析,介绍了舰载无人机机上测试数据的工程应用方法。

本书第 4 章阐述了舰载无人机弹射起飞与拦阻着舰的动响应分析方法,第 5 章和第 6 章阐述了舰载无人机弹射起飞与拦阻着舰地面模拟试验,结合本章对舰载无人机弹射起飞机上实测数据分析,形成了完整的舰载无人机结构设计方法和流程,对舰载无人机结构设计具有实际工程指导意义。

参 考 文 献

［1］ 陈晨. X - 47B 无人空中作战系统进行适航性测试[J]. 战术导弹技术,2012(4):8.

［2］ 李爱军,沈毅,章卫国. 发展中的高空长航时无人机[J]. 航空科学技术,2001(2):34 - 36.

［3］ 付伟. 国外舰载无人机的发展现状[J]. 情报指挥控制系统与仿真技术,2001(4):24 - 27.

［4］ 高嘉景. 海军舰载无人机的现状及其发展趋势[J]. 舰船电子工程,2004,24(3):16 - 19,25.

［5］ 王钱生. 航母适配性的基本设计要求[J]. 飞机设计,2006(2):32 - 35.

［6］ 孙盛坤,孙志华,汤智慧,等. 舰载飞机腐蚀控制与防护技术[J]. 装备环境工程,2017,14(3):18 - 22.

［7］ 金长江,洪冠新. 舰载机弹射起飞及拦阻着舰动力学问题[J]. 航空学报,1990,11(12):B534 - B542.

［8］ 张鑫. 舰载机拦阻着舰动力学分析及仿真[D]. 西安:西北工业大学,2007.

［9］ 李新飞. 舰载机起降关键技术仿真研究[D]. 哈尔滨:哈尔滨工程大学,2012.

［10］ 何敏,朱小龙,刘晓明,等. 舰载机前机身结构地面弹射冲击响应[J]. 航空学报,2018,39(5):120 - 130.

［11］ 马凌,朱爱平. 舰载无人机发展综述[J]. 飞航导弹,2009(11):36 - 41.

［12］ 王允良,韩维,郁大照,等. 舰载无人机平台总体性能机舰适配性分析[C]//航空装备维修技术及应用研讨会,北京:2015.

［13］ 黄定超,樊兴,郭铭. 舰载无人机系统技术研究[J]. 舰船电子工程,2008,28(5):32 - 36.

［14］ 许云飞,陈良. 舰载无人机与弹射装置适配性问题研究[J]. 航空科学技术,2016,27(10):32 - 35.

［15］ 张勇. 舰载战斗机与陆基战斗机的对比[N]. 中国航空报,2012 - 07 - 19(1).

［16］ 王志伟. 考虑舰面纵摇的舰载机弹射起飞动力学分析[D]. 南京:南京航空航天大学,2013.

［17］ 辛键成. 美国海军无人机发展历程[J]. 机器人技术与应用,2000(5):19 - 26.

［18］ 马世强. 起飞方式对舰载机结构重量的影响[J]. 舰载武器,2007(5):73 - 78.

［19］ 周军,徐文. 无人机的发展趋势和前景[J]. 飞航导弹,2003(7):32 - 40.

[20] 淳于江民,张珩. 无人机的发展现状与展望[J]. 飞航导弹,2005(2):23－27.

[21] 华晓波. 无人机发射和回收系统结构的力学分析和试验[D]. 杭州:浙江大学,2010.

[22] 杨迎化,唐大全. 无人机自动着舰方案研究[J]. 飞航导弹,2003(11):51－55.

[23] 中国人民解放军总装备部. 军用飞机结构强度规范:GJB 67A—2008[S]. 2008.

[24] 施荣明. 现代战斗机结构动强度设计技术指南[M]. 北京:航空工业出版社,2012.

[25] 林晓斌. 基于功率谱密度信号的疲劳寿命估计[J]. 中国机械工程,1998,9(11):16－19.

[26] Downing S D, Socie D F. Simple rainflow counting algorithms [J]. International Journal of Fatigue, 1982,4(1):31－40.

[27] 《飞机设计手册》总编委会. 飞机设计手册:载荷、强度和刚度[M]. 北京:航空工业出版社,2002.

[28] 辜良勇,何景武. 飞机结构的动强度问题研究与分析[J]. 飞机设计,2009,29(2):28－31.

[29] 周敏亮,陈忠明. 飞机结构的随机振动疲劳分析方法[J]. 飞机设计,2008,28(2):46－49.

[30] 张钊,张万玉,胡亚琪. 飞机结构振动疲劳分析研究进展[J]. 航空计算技术,2012,42(2):60－64,68.

[31] 王志智,陈莉,聂学州. 多裂纹剩余强度判据在××飞机上的应用[C]//第14届全国结构工程学术会议,烟台:2005.

[32] 徐医培,李素有,吴立言. 结构动态响应的求解方法分析[J]. 机械设计与制造,2009(6):12－14.

[33] 刚宪约,李丽君,柴山,等. 求解运动激励结构动态响应的固定边界-模态叠加法[J]. 机械工程学报,2016,52(13):87－93.

[34] 王海燕,段世慧,孙侠生,等. 先进飞行器方案设计强度综合指标体系研究[C]//中国力学大会2011暨钱学森诞辰100周年纪念大会,北京:2011.

[35] 曲东才,周胜明. 舰载机起飞技术研究[J]. 航空科学技术,2004(4):25－29.

[36] 海军装备部飞机办公室,中国航空工业发展研究中心. 国外舰载机技术发展(2007—2008)[M]. 北京:航空工业出版社,2008.

[37] 曲东才. 航母舰载机是如何起飞的?[J]. 现代兵器,1998(11):30－32.

[38] 乔鸽. 飞机弹射起飞前起落架载荷分析[D]. 南京:南京航空航天大学,2013.

[39] 林国锋,何植岱. 舰载飞机弹射起飞过程中的几个问题[J]. 飞行力学,1991(3):31－39.

[40] 聂宏,房兴波,魏小辉,等. 舰载飞机弹射起飞动力学研究进展[J]. 南京航空航天大学学报,2013,45(6):727－738.

[41] 王俊彦. 舰载机弹射起飞技术的应用与发展[J]. 科技信息,2009(23):434,570.

[42] 王萌辉,赵波. 舰载飞机起降动力学研究[J]. 飞机设计,1997(1):21－33.

[43] 孙志宏. 无人机弹射起飞技术分析[J]. 测绘与空间地理信息,2014(8):174－175.

[44] 于浩,聂宏. 舰载机偏中心定位弹射起飞动力学分析[J]. 南京航空航天大学学报,2010,42(5):537－542.

[45] 赵波. 舰载飞机起降过程的几个飞行动力学问题[J]. 飞行力学,1991(4):83－89.

[46] Clarke G E, Smith A A. Determination of minimum catapult launch speeds[C]//The Sixth Annual Symposium, Wichita:1975.

[47] Small D B. Full scale tests of nose tow catapulting[C]//1st AIAA Annual Meeting,

Washington，D. C.：1964.

[48] Englebry C R. Impact of ramp launch technology on a navy support aircraft [J]. Journal of Aircarft，1981,18(12):1003 – 1004.

[49] Rao P S，Saraf A. Performance analysis and control design for ski-jump take off [C]// AIAA Guidance，Navigation，and Control Conference and Exhibit，Austin:2003.

[50] Eppel J C，Hardy G，Martin J L. Flight investigation of the use of a nose gear jump strut to reduce takeoff ground roll distance of STOL aircraft[R]. Ames Research Center，1994.

[51] Imhof G，Schork W. Using simulation to optimize ski jump ramp profiles for STOVL aircraft [C]//Modeling and Simulation Technologies Conference，Denver:2000.

[52] Fozard J. Ski-jump — A great leap for tactical airpower V/STOL jet launching from upward-inclined ramp[C]//Atlantic Aeronautical Conference，Williamsburg：2013.

[53] Birckelbaw L G. Ski jump takeoff performance predictions for a mixed-flow，remote-lift STOVL aircraft[R]. NASA，1992.

[54] 金长江，车军. 斜板滑跳起飞动力学特性研究[J]. 北京航空航天大学学报,1997,23(3): 356 – 361.

[55] 郑本武. 舰载飞机弹射起飞性能和影响因素分析[J]. 飞行力学,1992,10(3):27 – 33.

[56] 王维军，郭林亮，屈香菊. 滑橇甲板助飞的力学机理分析[J]. 北京航空航天大学学报, 2008,34(8):887 – 890.

[57] 徐燕. 舰载飞机滑跃起飞动力学研究[D]. 南京:南京航空航天大学,2008.

[58] 孙友师，屈香菊. 舰载机斜板/弹射综合起飞的性能收益与关键问题[J]. 飞机设计, 2008,28(5):15 – 18.

[59] 杨一栋. 舰载机进场着舰规范评估[M]. 北京:国防工业出版社,2006.

[60] Gibson P T，Cress H A. Analytical study of aircraft arresting gear cable design [R]. Battelle Memorrial Institute，1965.

[61] Billec W B. The effect of deck span upon arresting-gear performance[R]. U. S. Naval Air Test Facility，1967.

[62] Hsin C C. Arrested landing studies for STOL aircraft[C]//9th Annual Meeting and Technical Display，Washington，D. C.：1973.

[63] Lyle W J. Development of curves for estimating aircraft arresting hook loads[R]. Air Force Flight Test Center，1982.

[64] Granda J，Montgomery R. Automated modeling and simulation using the bond graph method for the aerospace industry[C]//AIAA Modeling and Simulation Technologies Conference and Exhibit，Austin:2003.

[65] Paynter H M. Analysis and Design of Engineering Systems [M]. Cambridge：MIT Press，1961.

[66] 宋锦春，张志伟，曹淑华，等. 飞机拦阻器的液压系统与性能仿真[J]. 东北大学学报(自然科学版),2002,23(10):992 – 995.

[67] 王钱生. 关于舰载机着舰下沉速度的初步研究[J]. 飞机设计,2007,27(3):1 – 6.

[68] 吴娟，符芳涌，肖勇. 重型飞机拦阻系统的仿真分析[J]. 系统仿真学报,2009,21(20): 6643 – 6646.

[69] 李启明,冯蕴雯,于立明.飞机拦阻着陆动力学分析与仿真[J].计算机仿真,2010,27 (1):27-31.

[70] 万晨.舰载机拦阻装置刚柔耦合系统建模及动态特性研究[D].哈尔滨:哈尔滨工程大学,2013.

[71] 杨全伟.舰载飞机拦阻钩载荷实测方法研究[J].航空学报,2015,36(4):1162-1168.

[72] 沈文厚,赵治华,任革学,等.拦阻索冲击的多体动力学仿真研究[J].振动与冲击,2015 (5):73-77,94.

[73] 刘成玉,王斌团.舰载机-拦阻器耦合系统动力学建模与仿真分析[J].南京航空航天大学学报,2016,48(3):418-425.

[74] 闵强,王斌团,王亚芳,等.舰载机拦阻着舰载荷谱编制技术[J].航空学报,2019,40(4): 26-34.

[75] 陈峰华.ADAMS 2016 虚拟样机技术从入门到精通[M].北京:清华大学出版社,2017.

[76] 旷刚.飞机适坠性与滑跑响应研究[D].广州:华南理工大学,2014.

[77] 黎伟明,马晓利.舰载机多体动力学建模与弹射起飞模拟[J].机械科学与技术,2016,35 (11):1797-1804.

[78] Specification Military. Airplane strength and rigidity ground loads for navy acquired airplanes:MIL-A-8863C[S]. Naval Air Engineering Center,1987.

[79] Specification Military. Launching system, nose gear type, aircraft:MIL-L-22589D [S]. Naval Air Engineering Center,1979.

[80] Specification Military. Bar, re-peatable release holdback, aircraft launching, general design requirements for:MIL-B-85110[S]. Naval Air Engineering Center,1997.

[81] Specification Military. Tension bar/release element, aircraft launching:MIL-T-23426D[S]. Naval Air Engineering Center,1986.

[82] Specification Military. Catapulting and arresting gear forcing functions for aircraft structural design:MIL-STD-2066[S]. Naval Air Engineering Center,1981.

[83] 朱齐丹,刘恒,李晓琳.舰载机偏心情况下弹射起飞研究[J].飞行力学,2016,34(2): 10-14.

[84] 王志伟,陈建平,虞伟建.考虑舰面纵摇的舰载机弹射起飞动力学分析[J].计算机辅助工程,2014,23(2):53-56,104.

[85] 朱齐丹,李新飞,喻勇涛.考虑载荷突卸的舰载机弹射起飞动力学分析[J].哈尔滨工程大学学报,2012,33(9):1150-1157.

[86] 于浩,聂宏,魏小辉.舰载机弹射起飞前起落架牵制载荷突卸动力学分析[J].航空学报, 2011,32(8):1435-1444.

[87] 房兴波,聂宏,张钊,等.计及弹射滑车质量的某舰载无人机弹射动态响应分析[J].航空学报,2018,39(12):193-201.

索　引